公共机构合同能源管理

国网安徽省电力有限公司市场营销部 编

图书在版编目（CIP）数据

公共机构合同能源管理 / 国网安徽省电力有限公司市场营销部编. —北京：中国电力出版社，2023.11
ISBN 978-7-5198-7605-0

Ⅰ. ①公… Ⅱ. ①国… Ⅲ. ①国家行政机关–节能–能源管理 Ⅳ. ①TK018

中国国家版本馆 CIP 数据核字（2023）第 037076 号

出版发行：中国电力出版社
地　　址：北京市东城区北京站西街 19 号（邮政编码 100005）
网　　址：http://www.cepp.sgcc.com.cn
责任编辑：刘红强（010-63412520）
责任校对：黄　蓓　常燕昆
装帧设计：赵姗姗
责任印制：钱兴根

印　　刷：固安县铭成印刷有限公司
版　　次：2023 年 11 月第一版
印　　次：2023 年 11 月北京第一次印刷
开　　本：889 毫米×1194 毫米　16 开本
印　　张：13.5
字　　数：304 千字
定　　价：68.00 元

编写组

主　编　韩　号　张光亚

副主编　林士明　王克峰　王红梅　程　曦

编　委　程　统　巩弘扬　蒋泽韬　李文芳　马金虎　潘学文
夏　鹏　邢广杰　叶　巍　余丹丹　岳　诚　张　衡
张仁标　朱劲波　朱鹏飞　王　宁　姜　睿　黄凯成
吴　前　王子韵　陈凯旋　蔡　漪　刘　京

2015 年 12 月，巴黎气候变化大会初步达成协议，标志着打造低碳未来已经成为人类共同的选择，中国作为大国必然要承担更重要的角色。在 2020 年召开的第 75 届联合国大会上，国家主席习近平提出了中国将二氧化碳排放力争于 2030 年前达到峰值，努力争取 2060 年前实现碳中和的目标，这是中国对世界的庄严承诺，彰显了中国始终坚持以世界眼光、全球视野构建人类命运共同体的大国担当。在我国承诺实现碳达峰、碳中和目标（简称“双碳”目标）过程中，要切实发挥节能减排工作的重要作用，通过节能减排工作持续提高能效、降低碳排放量，应是我们实现碳达峰、碳中和目标的一个重要手段。且面对日益严重的环境问题与能源问题，节能减排对于缓解我国能源短缺，治理环境污染也起着至关重要的作用。

我国公共机构涉及的国家机关、事业单位和团体组织，拥有一定规模的公共建筑量，用能规模大、占比高。公共机构在降低建筑能源消耗，减少、制止能源浪费，有效、合理地利用能源及推动碳达峰、碳中和目标实现中担负着“干在实处，走在前列”的示范作用。美国、加拿大、欧盟、日本等国际实践经验表明，采用合同能源管理模式是推动节能的行之有效手段之一。利用合同能源管理这一新型的市场化节能机制，能够有效降低公共机构用能、节能改造的资金和技术风险，充分调动公共机构节能改造的积极性，发挥公共机构在全社会节能中的表率作用。面向未来，我们仍需进一步将节能减排工作贯穿于经济社会发展全过程各领域，推动形成能源节约型、环境友好型社会，朝着实现碳达峰、碳中和目标迈进。

公共机构合同能源管理的实质是专业化的节能服务公司与有意进行节能技术改造的公共机构签订节能服务合同，按照合同采用先进的节能技术及全新的服务机制来为公共机构实施节能项目，它的服务内容包括节能诊断、工程设计、资金筹措、设备采购、施工安装、调试验收、员工培训、维护保养等，通过项目实施后所取得的节能效益来收回投资并取得合理利润。开展公共机构合同能源管理毕竟不同于节能产品的买卖，它的实施要比节能技术改造还要复杂。目前我国公共机构节能服务市场与国际市场相比还存在一定差距，如节能服务公司规模小、运作不规范、抗风险能力差，缺乏有效的指导和激励，相关管理人员对如何开展公共机构合同能源管理的过程了解不全面等，这对公共机构合同能源管理的健康发展是个很大的障碍。

国家电网有限公司作为国有大型能源骨干企业，把发展综合能源服务作为推动能源生产和消费革命、服务能源清洁低碳转型、满足用户多样化需求的重要内容。近年来，国网安徽省电力有限公司发挥专业优势，以推动能源转型、服务“双碳”目标为出发点，开展公共机构能源托管服务，在公共建筑领域大力挖掘公共机构合同能源管理项目，以政企协同、整体推进、平台运营模式，按照“统一技术标准、统一业务流程、统一商务模式”原则，拓展公共机构综合能源服务市场，助力地方政府推进公共机构能源资源节约管理，积累了丰富的经验，取得了一系列的成果、成效。以此为基础，我们总结分析了公共机构能源托管服务的当前形势，并组织有关专家人员对公共机构合同能源管理在实际工作中的存在问题和解决方案进行了研讨交流，编写了《公共机构合同能源管理》一书。本书由国网安徽省电力有限公司相关专业数位专家及客户服务一线同仁共同完成，凝聚了编写组全体研究人员的心血。

希望本书能为从事公共机构合同能源管理项目的相关管理、咨询、实施和运行等技术及管理人员提供参考。也相信本书的出版，将会对公共机构合同能源管理的推进和规范发展起到指导和积极促进作用。

前言

开展公共机构合同能源管理服务，对提高全社会能效服务水平、助力建筑领域实现“双碳”目标具有重大意义。国网安徽省电力有限公司在公共机构合同能源管理领域开展了多项实践，推进多个能源托管项目落地，有效助力公共机构能源管理提质增效。为全方位提升服务能力，持续推进服务标准化，做好经验交流和示范宣传，推动公共机构能源托管服务又好又快发展，同时顺应电力营销业务快速迭代、岗位工作复合性要求不断提高的趋势，聚焦国网安徽省电力有限公司在公共机构合同能源管理业务领域的成熟做法和典型经验，编制《公共机构合同能源管理》教材书。

本书共七章，分别是：第一章公共机构合同能源管理概述；第二章公共机构合同能源管理项目市场开拓与实施；第三章公共机构合同能源管理项目技术应用；第四章公共机构合同能源管理项目融资；第五章公共机构合同能源管理项目税收分析；第六章公共机构合同能源管理项目风险防范；第七章公共机构合同能源管理典型项目案例。本书通过梳理公共机构合同能源管理领域业务知识和服务规范，着重突出公共机构合同能源管理项目在实践中的运营技巧，提供了具体做法，可操作性强，具有较强的借鉴性，可为从事公共机构合同能源管理项目的相关人员提供学习参考，也适用于用以指导综合能源业务人员、一线市场客户经理等营销人员提升综合能源项目专业技能、市场拓展能力，扩充培训开发与内容建设，助力推动电力营销专业队伍的进一步提升。

因公共机构合同能源管理工作对象不同，在实际工作中面临的现实情况会有差异，加之编者能力和业务水平有限，编写时间仓促，信息量大，难免有疏漏和不当之处，欢迎读者不吝指正。

在本书编写过程中得到国网安徽省电力有限公司及下属各单位相关领导、专家、老师的大力支持与悉心指导，在此致以最衷心的感谢。

目录 CONTENTS

第一章

公共机构合同能源管理概述

第一节　合同能源管理当前研究背景与意义

一、全球气候变暖与节能减排必要性

随着全球工业化的快速推进，人们对化石燃料使用的强度和数量日益增多，由此产生了大量的二氧化碳等温室气体，这些温室气体对来自太阳辐射的可见光具有高度透过性，而对地球发射出来的长波辐射具有高度吸收性，能强烈吸收地面辐射中的红外线，导致地球温度上升，即温室效应。全球气候变暖是由于温室效应不断积累，导致地球吸收与发射的能量不平衡，能量不断在地球的地气系统累积，从而导致温度上升的现象。全球变暖会使全球降水量重新分配、冰川和冻土消融、海平面上升等，不仅危害自然生态系统的平衡，还影响人类健康甚至威胁人类的生存。

全球气候变暖已引起全世界的关注，为阻止全球变暖趋势，世界各国曾在《巴黎协定》中承诺，将全球变暖限制在比工业化前水平升高 2 摄氏度以内，最好是限制在 1.5 摄氏度以内。科学家认为 1.5 摄氏度是一个关键临界点，超过 1.5 摄氏度后特大洪灾、干旱、森林火灾和食物短缺的发生几率都会大增。

气候变化是全人类面临的共同挑战，中国始终是应对气候变化的实干家和行动派。党的十八大以来，以习近平同志为核心的党中央以前所未有的力度抓生态文明建设，把绿色低碳和节能减排摆在突出位置。2020 年 9 月，国家主席习近平在第七十五届联合国大会一般性辩论上宣布，中国将二氧化碳排放力争于 2030 年前达到峰值，努力争取 2060 年前实现碳中和。实现碳达峰碳中和（简称“双碳”）是一场广泛而深刻的经济社会系统性变革。

力争 2030 年前实现碳达峰、2060 年前实现碳中和，是以习近平同志为核心的党中央作出的重大战略决策，是我们对国际社会的庄严承诺。2012 年以来，中国以年均 3%的能源消费增速支撑了年均 6.6%的经济增长，单位 GDP 能耗下降 26.4%，成为全球能耗强度降低最快的国家之一。2023 年 4 月 15 日发布的《中国低碳经济发展报告蓝皮书（2022—2023）》显示，2022 年全国万元国内生产总值（GDP）能耗比上年下降 0.1%、万元 GDP 二氧化碳排放下降 0.8%，节能降耗减排稳步推进。

在“双碳”目标实现的过程中，能源是主战场，能源供应清洁化、能源消费电气化、能源利用高效化、能源配置智能化和能源服务多元化是重要途径和必由之路。

（一）从国际层面看

延缓全球气候变暖已成为全球大部分国家和地区的共识。在国际层面上，各国积极合作，共同制定关于气候改善的公约，指导各国经济生产活动。具有代表性的有三个国际公约。

1.《联合国气候变化框架公约》

1992年5月22日联合国政府谈判委员会就气候变化问题达成《联合国气候变化框架公约》。它是世界上第一个为全面控制二氧化碳等温室气体排放，以应对全球气候变暖给人类经济和社会带来不利影响的国际公约，也是国际合作的一个基本框架。《联合国气候变化框架公约》提出要维持温室气体的浓度，并明确不同国家的义务。

2.《联合国气候变化框架公约的京都议定书》

《联合国气候变化框架公约的京都议定书》（简称《京都议定书》）于1997年在日本京都召开的UNFCCC缔约方大会第三次会议上达成，其目标是“将大气中的温室气体含量稳定在一个适当的水平，进而防止剧烈的气候改变对人类造成伤害”，首次为发达国家和转轨经济国家规定了定量的减排义务，明确了2008年至2012年温室气体排放削减量。2012年11月《京都议定书》多哈修正案明确了2013年至2020年的量化减排指标及温室气体种类、减排机制。

3.《巴黎协定》

2015年12月12日，巴黎气候变化大会通过《巴黎协定》，成为各国携手应对气候变化的政治和法律基础。《巴黎协定》确定了“将全球平均气温较前工业化时期上升幅度控制在2℃以内，并努力将温度上升幅度限制在1.5℃以内”的目标，为2020年后全球应对气候变化的行动作出了明确安排。

（二）从国内层面看

中国作为一个负责任的发展中国家，对气候变化问题给予高度重视，并根据国家可持续发展战略的要求，采取了一系列与应对气候变化相关的政策和措施，为减缓和适应气候变化做出了积极的贡献。

我国是最早制定实施《应对气候变化国家方案》的发展中国家、是近年来节能减排力度最大的国家、是新能源和可再生能源增长速度最快的国家、是世界人工造林面积最大的国家。对于气候变化的巨大影响，我国进行了积极的应对，具体体现在以下几个方面：

1990年，中国国务院环境保护委员会设立国家气候变化协调小组。

1998年，成立中国国家气候变化对策协调小组。

2005年，全国人大常委会制订了《可再生能源法》，鼓励太阳能、风能等可再生能源的发展。

2007年，成立国家应对气候变化领导小组，负责制定国家应对气候变化的重大战略、方针和对策，协调解决有关重大问题。

2007年6月，国务院发布《中国应对气候变化国家方案》。把到2010年实现单位国内生产总值能源消耗比2005年末减低20%左右的目标确定为中国应对气候变化的主要目标。实现这一目标意味着中国在“十一五”期间节约能源约6.2亿吨标准煤，相当于少排放二氧化碳约15亿吨。

2006—2008年，中国淘汰落后炼铁产能6059万吨、炼钢产能4347万吨、水泥产能1.4亿吨、焦炭产能 6445 万吨；实施“限塑令”，相当于每年可节约石油 240 万至 300 万吨，相当于减少二氧化碳排放 720 万至 900 万吨；2008 年，中国可再生能源利用量达到 2.5 亿吨标准煤，约占一次能源的 9%；截至 2008 年底，中国农村建成户用沼气池 3050 万户，年产沼气 120 亿立方米，相当于少排放二氧化碳 4900 多万吨；截至 2009 年上半年，中国已关停小火电机组 5407 万千瓦。

在 2009 年哥本哈根气候变化大会临近之际，中国政府决定，到 2020 年，中国单位国内生产总值二氧化碳排放比 2005 年下降 40%～45%。这一目标远远高于美国宣布的减排 17%、欧盟提出的最高减排 30%的目标。按照政府间气候变化专门委员会的规划，中国最多只需到 2020 年减排 30%，然而中国政府却向世界承诺碳减排 40%～45%。这是中国政府首次正式对外宣布控制温室气体排放的行动目标。

2016 年印发《城市适应气候变化行动方案》，并在 28 个城市开展气候适应型城市试点工作。我国正在积极开展适应气候变化工作现状评估，组织编写《国家适应气候变化战略 2035》。

2017 年 12 月全国碳排放交易体系正式启动。

2021 年 10 月 24 日，国务院印发《2030 年前碳达峰行动方案》（国发〔2021〕23 号），坚持“全国统筹、节约优先、双轮驱动、内外畅通、防范风险”的总方针，有力有序有效做好碳达峰工作，明确各地区、各领域、各行业目标任务，加快实现生产生活方式绿色变革，推动经济社会发展建立在资源高效利用和绿色低碳发展的基础之上，确保如期实现 2030 年前碳达峰目标。

到 2025 年，非化石能源消费比重达到 20%左右，单位国内生产总值能源消耗比 2020 年下降 13.5%，单位国内生产总值二氧化碳排放比 2020 年下降 18%，为实现碳达峰奠定坚实基础。

到 2030 年，非化石能源消费比重达到 25%左右，单位国内生产总值二氧化碳排放比 2025 年下降 65%以上，顺利实现 2030 年前碳达峰目标。加快推进公共建筑节能改造，持续推动老旧供热管网等市政基础设施节能降碳改造。提升城镇建筑和基础设施运行管理智能化水平，加快推广供热计量收费和合同能源管理，逐步开展公共建筑能耗限额管理。到 2025 年，城镇建筑可再生能源替代率达到 8%，新建公共机构建筑屋顶光伏覆盖率力争达到 50%。

目前，中国制定的一系列措施取得一定成效，为气候变暖与节能减排做出了有力贡献。但我们要清晰地认识到我国能源开发利用现状与节能工作发展仍有巨大的进步空间，我国能源开发现状不容乐观，节能途径仍需进步。

二、我国能源开发现状与节能途径

十八大以来，以习近平同志为核心的党中央高瞻远瞩，深谋远虑，面对能源供需格局新变化、国际能源发展新趋势，提出了“四个革命、一个合作”的能源安全发展新战略，为我国能源发展指明了战略方向，明确了奋斗目标，确定了行动纲领，部署了战略任务。能源开发和利用方式逐步由粗放增长向集约增长转变，能源结构正在由煤炭为主向多元化转变，能源发展动力正在由传统能源增长向新能源增长转变，节能降耗取得了显著成效，能源生产和消费都发生了巨大变革。

面对多变的国际形势，我国能源开发坚持把能源保供稳价放在首位。强化忧患意识和底线思维，加强国内能源资源勘探开发和增储上产，积极推进能源资源进口多元化，以常态能源供应有弹性应对需求超预期增长，全力保障能源供应持续稳定、价格合理可控。能源开发和利用也要坚持绿色低碳转型。深入推进能源领域碳达峰工作，加快构建新型电力系统，大力发展非化石能源，夯实新能源安全可靠替代基础，加强煤炭清洁高效利用，重点控制化石能源消费，扎实推进能源结构调整优化。

2023 年 4 月，国家能源局研究制定并印发《2023 年能源工作指导意见》。在能源开发供应方面提出保障能力要持续增强。全国能源生产总量达到 47.5 亿吨标准煤左右，能源自给率稳中有升。原油稳产增产，天然气较快上产，煤炭产能维持合理水平，电力充足供应，发电装机达到 27.9 亿千瓦左右，发电量达到 9.36 万亿千瓦时左右，“西电东送”输电能力达到 3.1 亿千瓦左右。在能源消费方面要深入推进结构转型。煤炭消费比重稳步下降，非化石能源占能源消费总量比重提高到 18.3%左右。非化石能源发电装机占比提高到 51.9%左右，风电、光伏发电量占全社会用电量的比重达到 15.3%。稳步推进重点领域电能替代。在能源利用方面要稳步提高质量效率。单位国内生产总值能耗同比降低 2%左右。跨省区输电通道平均利用小时数处于合理区间，风电、光伏发电利用率持续保持合理水平。新设一批能源科技创新平台，短板技术装备攻关进程加快。

能源的开发利用与人们的经济生活息息相关。我国通过出台一系列政策推动能源开发利用工作的高质量开展。尤其在能源的利用消费方面，通过产业结构调整、政策法规出台、标准规范制定、先进技术推广、商业模式应用、典型示范宣传、重大科技项目推进等多种措施和途径促进节能工作开展，提升全社会用能水平。

三、“双碳”目标实现与落实节能工作

我国承诺实现从碳达峰到碳中和的时间，远远短于发达国家所用时间，需付出艰苦努力。在这一进程中，要切实发挥节能工作的重要作用，进一步提升节能能级、壮大节能产业。

在过去很长一段时间内，制造业在我国产业结构中占比较高，“保供应”成为我国能源领域的主要发展思路。此举造成我国产能持续扩张、能源利用效率低下等问题，且导致单位 GDP 能耗居高不下。

实现“双碳”目标，既涉及能源结构的优化调整，又涉及能源利用效率的提升与化石能源使用规模的减量，还与节能等减碳技术的发展应用密切相关，具有贯穿经济社会发展全过程和各领域的功能优势，减排降碳的作用更为显著直接。通过节能工作持续提高能效、降低碳排放量，是我们实现“双碳”目标的一个重要手段。

近十年来，我国节能领域取得了显著成绩。《新时代的中国能源发展》白皮书显示，2012 年以

来，单位国内生产总值能耗累计降低 24.4%，相当于减少能源消费 12.7 亿吨标准煤。面向未来，我们需进一步落实节能优先方针，树立“节约的能源是最清洁的能源、节约的能源是第一能源”的理念，将节能贯穿于经济社会发展全过程各领域，推动形成能源节约型社会，朝着实现“双碳”目标迈进。

四、节能工作与公共机构合同能源管理

运用市场机制实现能耗的有效降低已成为节能领域探索的重点。作为一项在国外有着成功经验的市场化节能机制，以合同能源管理为代表的节能模式正引起越来越多的企业关注并应用。实行合同能源管理，可以大大降低用能单位节能改造的资金和技术风险，充分调动用能单位节能改造的积极性，是行之有效的节能措施。加快推行合同能源管理，积极发展节能服务产业，是利用市场机制促进节能减排、减缓温室气体排放的有力措施，是培育战略性新兴产业、形成新的经济增长点的迫切要求，是建设资源节约型、环境友好型社会的客观需要。

中央和地方各级政府十分重视公共机构节能减排工作。公共机构地域分布广、用能主体多、用能体量大、能源消费方式相对简单，实施节能提效和合同能源管理具有较好的基础和条件。同时，公共机构作为政府部门引领节能工作的载体，在全社会节能减排工作中具有良好的示范和导向作用。近年来，公共机构节能管理工作不断向前推进和发展，资源节约意识的进一步增强，合同能源管理工作模式逐步被认同和使用。

节能减排工作是当前政府工作的重要内容之一，本书着重从当前发展较快的公共机构合同能源管理模式切入，归纳其概念、定义、发展成就，分析其存在的问题，探讨其运作技术、模式，为推动我国节能减排工作献言献计。

第二节　公共机构合同能源管理的概念

一、公共机构的定义

（一）基本内涵

2008 年国务院令第 531 号《公共机构节能条例》第二条规定：“本条例所称公共机构，是指全部或者部分使用财政性资金的国家机关、事业单位和团体组织。”

其中，国家机关包括党的机关、人大机关、行政机关、政协机关、审判机关、检察机关等；事业单位包括上述的国家机关直属事业单位和全部或部分使用财政性资金的教育、科技、文化、卫生、体育等相关公益性行业以及事业性单位，同时还包括一些全部或部分使用财政性资金的工、青、妇等社会团体和有关组织。

（二）公共机构的节能义务

2008 年 4 月 1 日起实施的《中华人民共和国节约能源法》（简称《节能法》）规定，节约资源是我国的基本国策。国家实施“节约与开发并举、把节约放在首位”的能源发展战略，实行节能目标责任制和节能考核评价制度，将节能目标完成情况作为对地方人民政府及其负责人考核评价的内容，任何单位和个人都应当依法履行节能义务。

2008 年 10 月 1 日起施行的《公共机构节能条例》规定：“公共机构应当加强用能管理，采取技术上可行、经济上合理的措施，降低能源消耗，减少、制止能源浪费，有效、合理地利用能源。”另规定：“公共机构可以采用合同能源管理方式，委托节能服务机构进行节能诊断、设计、融资、改造和运行管理。”这不仅是一项授权性的规定，也包含了提示和引导公共机构以合同能源管理方式引入节能服务之意。

2022 年，全国公共机构人均综合能耗 321.27 千克标准煤，单位建筑面积能耗 18.03 千克标准煤，人均用水量 20.99 立方米，与 2020 年相比分别下降 2.52%、2.44%、2.51%，较好地完成了“十四五”公共机构能源资源消耗总量和强度控制阶段性目标。

国家机关事务管理局在 2023 年公共机构节能宣传周启动仪式上强调，各级公共机构要认真对标党的二十大精神和习近平总书记关于机关事务工作的重要指示精神，将思想和行动统一到党的二十大关于推动绿色发展、促进人与自然和谐共生的重大战略部署中去，统筹能源资源节约与生态环境保护，推动节能管理与资产管理深度融合，发挥信息化建设与市场化机制助推作用，不断提高创造性执行的能力，推动公共机构节约能源资源工作再上新台阶。

二、合同能源管理的定义

合同能源管理（Energy Management Contracting，EMC）是一种新型的市场化节能机制，其实质就是以减少的能源费用来支付节能项目成本的节能投资方式。这种节能投资方式允许客户用未来的节能收益为工厂和设备升级，以降低运行成本；或者综合能源服务公司与愿意进行节能改造的客户签订节能服务合同，向客户提供专业节能服务。

合同能源管理的国家标准是《GB/T 24915—2020 合同能源管理技术通则》，《合同能源管理技术通则》明确合同能源管理定义：“节能服务公司与用能单位以契约形式约定节能项目的节能目标，节能服务公司为实现节能目标向用能单位提供必要的服务，用能单位以节能效益、节能服务费或能源托管费支付节能服务公司的投入及其合理的利润的节能服务机制。”“国家支持和鼓励节能服务公司以合同能源管理机制开展节能服务，享受财政奖励、营业税免征、增值税免征和企业所得税免三减三优惠政策。”

节能服务公司（Energy Service Company，ESCO）是“提供用能状况诊断、节能项目设计、融资、改造（施工、设备安装、调试）、运行管理等服务的专业化公司”（《GB/T 24915—2020 合同能源管理技术通则》），ESCO 是以提供一揽子专业化节能技术服务的以盈利为目的的专业公司。主要是采用基于合同能源管理机制运作的、以赢利为目的的专业化公司。

节能服务公司与愿意进行节能改造的用户签订节能服务合同，为用户的节能项目提供包括节能诊断、融资、节能项目设计、原材料和设备采购、施工、调试、监测、培训、运行管理等的特色服务，通过节能项目实施后产生的节能效益来赢利和滚动发展。随着社会发展，节能服务公司逐渐演变为综合能源服务公司。

三、合同能源管理的运作机制

合同能源管理基本运作机制是：通过合同约定节能指标，节能公司提供技术提升改造服务，整个节能改造过程如项目审计、设计、融资、施工、管理等由节能服务公司统一完成；在合同期内，节能服务公司的投资回收和合理利润由产生的节能效益来支付；在合同期项目的所有权归节能服务公司所有，并负责管理整个项目工程，如设备保养、维护与节能检测等；合同完毕后，节能服务公司要将全部节能设备无偿移交给耗能企业并培养管理人员、编制管理手册等，此后由耗能企业自己负责经营；节能服务公司承担节能改造的全部技术风险和投资风险。这种方式允许用户使用未来的节能收益为工厂和设备升级，降低目前的运行成本，提高能源利用效率。

节能服务公司为用户的节能项目进行自由竞争或融资，并通过与用户分享项目实施后产生的节能效益来赢利和滚动发展。能源管理合同在实施节能项目的企业（用户）与专门的节能服务公司（ESCO）之间签订，它有助于推动节能项目的实施，从其业务运作方式可以看出，节能服务公司（ESCO）是市场经济下的节能服务商业化实体，在市场竞争中谋求生存和发展，一般向客户提供的节能服务主要包括以下内容。

1. 能源审计

ESCO 针对客户的具体情况，测定客户当前用能量和用能效率，提出节能潜力所在，并对各种可供选择的节能措施的节能量进行预测。

2. 节能改造方案设计

根据能源审计的结果，ESCO 根据客户的能源系统现状提出如何利用成熟的节能技术来提高能源利用效率、降低能源成本的方案和建议。

3. 施工设计

在合同签订后，ESCO 组织对节能项目进行施工设计，对项目管理、工程时间、资源配置、预算、设备和材料的进出协调等进行详细的规划，确保工程顺利实施并按期完成。

4. 节能项目融资

ESCO 向客户的节能项目投资或提供融资服务，可能的融资渠道有：公司自有资金、银行商业贷款、从设备供应商处争取到的最大可能地分期支付，以与其他政策性的资助。当 ESCO 采用通过银行贷款方式为节能项目融资时，ESCO 可利用自身信用获得商业贷款，也可利用政府相关部门的政策性担保资金为项目融资提供帮助。

5. 原材料和设备采购

ESCO 根据项目设计的要求负责原材料和设备的采购，所需费用由 ESCO 公司筹措。

6. 施工、安装和调试

根据合同，由 ESCO 负责组织项目的施工、安装和调试。通常由 ESCO 或其委托的其他有资质的施工单位来进行。由于是在客户正常运转的设备或生产线上进行，因此，施工必须尽可能不干扰客户的运营，而客户也应为施工提供必要的条件和方便。

7. 运行、保养和维护

设备的运行效果将会影响预期的节能量，因此，ESCO 应对改造系统的运行管理和操作人员进行培训，以保证达到预期的节能效果。此外，ESCO 还要负责组织安排好改造系统的管理、维护和检修。

8. 节能量监测与效益保证

ESCO 与客户共同监测和确认节能项目在合同期的节能效果，以确认合同中确定的节能效果是否达到。另外，ESCO 和客户还可以根据实际情况采用“协商确定节能量”的方式来确定节能效果，这样可以大大简化监测和确认工作。

9. ESCO 收回节能项目投资和利润

对于节能效益分享项目，在项目合同期，ESCO 对与项目有关的投入（包括土建、原材料、设备、技术等）拥有所有权，并与客户分享项目产生的节能效益。在 ESCO 的项目资金、运行成本、所承当的风险与合理的利润得到补偿之后（即项目合同期完毕），设备的所有权一般将转让给客户，客户最终就获得高能效设备和节约能源的成本，并享受全部节能效益。

四、合同能源管理的商业模式

合同能源管理商业模式类型可分为节能效益分享型、能源费用托管型、节能量保证型、融资租赁型和混合型。

（一）节能效益分享型

在项目期内用户和综合能源服务公司双方分享节能效益的合同类型。节能改造工程的投入按照节能服务公司与用户的约定共同承担或由节能服务公司单独承担；项目建设施工完成后，经双方共同确认节能量后，双方按合同约定比例分享节能效益；项目合同结束后，节能设备所有权无偿移交给用户，以后所产生的节能收益全归用户（见图 1－1）。节能效益分享型是我国政府大力支持的模式类型，为降低支付风险，用户可向综合能源服务公司提供多方面的节能效益支付保证。

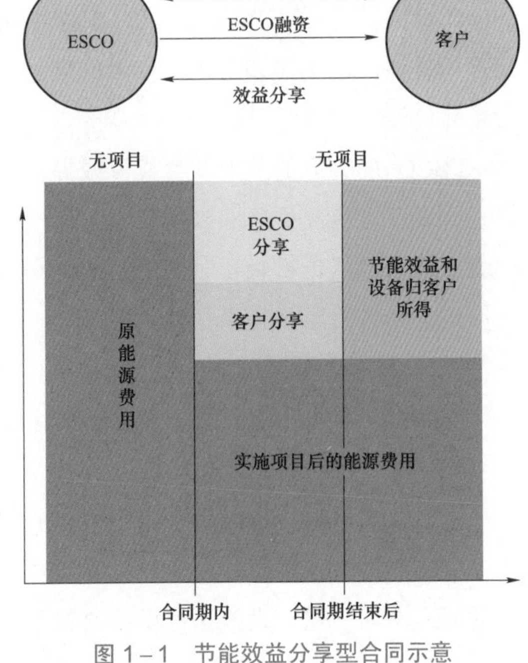

图 1－1　节能效益分享型合同示意

节能效益分享型适用于具有技术优势的 ESCO，以及节能效益容易确认的项目。对用能企业来说，由于项目投资压力小，甚至可以零投资，合同期内与 ESCO 分享节能效益，合同期后，拥有项目设施及节能效益的全部所有权，因此现金流得到优化。为降低支付风险，ESCO 可要求客户提供多方面的节能效益支付保证。

（二）能源费用托管型

用户委托综合能源服务公司出资进行能源系统的节能改造和运行管理，并按照双方约定将该能源系统的能源费用交综合能源服务公司管理，系统节约的能源费用归综合能源服务公司的合同类型（见图 1－2）。项目合同结束后，综合能源服务公司改造的节能设备无偿移交给用户使用，以后所产生的节能收益全归用户。

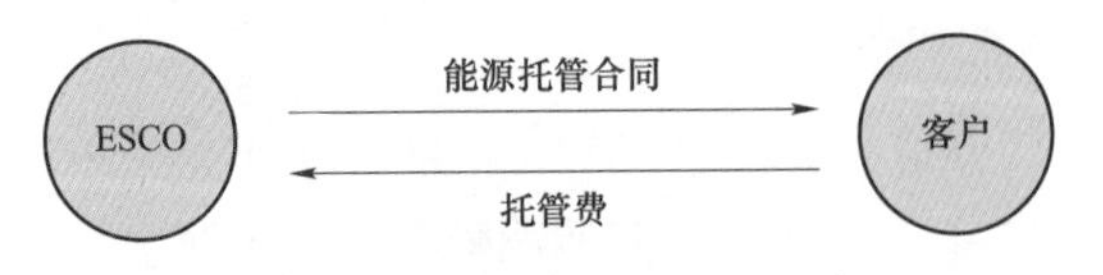

图 1－2　能源托管型合同示意

能源托管型是用能单位将约定的能源费用、设备或系统，委托给 ESCO 管理，ESCO 负责设备或系统改造及管理，并支付技术改造费用和日常管理费用。用能单位支付实际的能源费用并向 ESCO 支付管理费用。这样总的说来 ESCO 与其客户共同分享了节能效益，实际的分享比例按具体情况由双方确认。这种模式适用于管理能力比较强的 ESCO。同时，公共机构的项目（特别是项目边界非常清晰的项目）适于采用这种合同模式。同时，在签订合同时要注意以下几个方面的问题。

（1）项目建设成本分担问题，要在合同中明确各自投资数额、资金用途等，确定各方应享有的权益和应承担的责任，避免项目出现问题时，产生纠纷，影响各方利益。

（2）节能量确认的问题，要在合同中详细规定节能量测量和验证的方法和程序。特别是要明确在项目实施后测量哪些能耗影响因素及其跟踪测量的方法，共同确认项目节能量。还应明确当 ESCO 和客户无法就节能量达成一致时的解决办法等。

（3）试运行和验收问题，应明确约定项目试运营和验收的相关细节。

（三）节能量保证型

客户分期提供综合能源技术改造资金并配合项目实施，综合能源服务公司提供全过程服务并保证项目节能效果（见图 1－3）。按合同规定，客户向综合能源服务公司支付费用。如果项目没有达到承诺的节能量，按照合同约定由综合能源服务公司承担相应的责任和经济损失；如果节能量超过承诺的节能量，综合能源服务公司与客户按照约定的比例分享超过部分的节能效益。项目合同结束，先进高效综合能源设备无偿移交给客户企业使用，以后所产生的节能收益全部归客户企业。

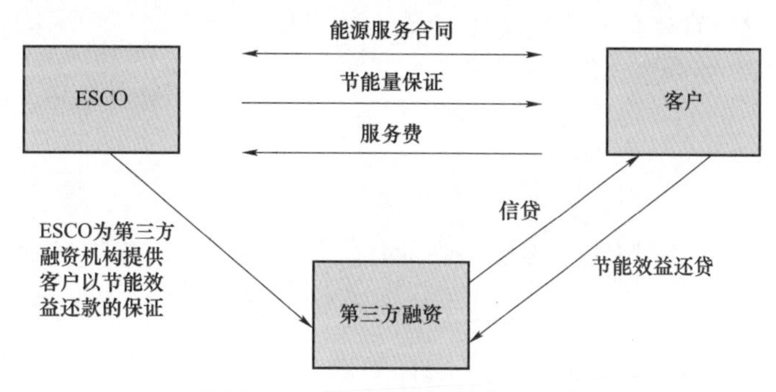

图 1－3　节能量保证型合同示意

这种模式也起源于北美。最早的典型的合同能源管理项目都是节能效益分享型的，项目融资由 ESCO 负责，ESCO 通过节能效益分享回收投资应有的利润。后来发现，在许多情况下，项目融资由客户负责更容易实现，因为在金融机构看来，客户的资信较高，容易从金融机构得到项目所需的资金；而多数 ESCO 都是中小企业，资信远不如客户，于是产生了节能量保证型的合同能源管理模式。这一模式的要点是：由客户从金融机构获得项目所需要的资金，并根据节能项目的收益，向金融机构分期还贷；ESCO 保证项目的节能收益，使得客户确保以节能效益向金融机构还贷。实际上，ESCO 的节能量保证起到担保的作用，如果项目实施的结果，客户的收益不足以分期还贷，则不足的部分由 ESCO 支付还贷的缺额。客户支付给 ESCO 的是服务费用，而且其服务费用也直接与项目的节能效益挂钩。

（四）融资租赁型

融资公司投资购买节能服务公司的节能设备和服务，并租赁给用户使用，根据协议定期向用户收取租赁费用。节能服务公司负责对用户的能源系统进行改造，并在合同期内对节能量进行测量验证，担保节能效果。项目合同结束后，节能设备由融资公司无偿移交给用户使用，以后所产生的节能收益全归用户。

（五）混合型

混合型是由以上 4 种基本类型的任意组合形成的合同类型。

五、合同能源管理的主要特点

在传统的节能投资方式下，节能项目的所有风险和所有盈利都由实施节能投资的企业承担；在合同能源管理方式中，以减少的能源费用来支付节能项目全部成本，无论是什么模式的合同能源商业模式，客户一般都无需投入相应的节能改造资金，也不必承担相应的技术风险，最终却能够得到节能投资的控制体系、设备和节能所创造的收益。

与传统的由能耗企业自行、自发地实施节能改造项目的方式相比，合同能源管理机制具有自身的一些独特的方式。

（一）商业化的运作模式

在市场经济环境下，合同能源管理体现出商业化运作的特点。节能服务公司以共享节能项目所创造的收益，获得适度的利润，与以生产力促进与节能服务为中心的非盈利性合同能源管理不同，ESCO 作为自负盈亏的合同能源管理的运营公司，其运行的模式必然以商业化及盈利为最终目的。

（二）客户零投入零风险

以合同能源管理模式的方式来实施节能改造项目，客户能够运用这种模式，来获得部分或者全额节能改造项目的融资，从而避免了由于改造资金不够而带来的巨大障碍。

节能服务公司为客户实施节能改造项目后，不仅能够让客户获得显著的经济效益以及节能效益，节能服务公司所获得的资金回报率也是非常高的。客户可以利用节约下来的能源费用作为支付给节能服务公司的服务费用和其他有关节能改造的费用。而节能服务公司可以运用最先进的节能技术，采用比较规范的节能设备，且能够参考以往的实践经验以及成功案例，实施节能改造项目技术风险非常小，可以忽略不计。

（三）高度的整合能力

节能服务公司为客户提供的节能改造服务具有高度的整合力和集成化特点。它所提供的服务不仅包含设计相应的改造节能技术方案，也包括运用合同能源管理的相关模式为客户提供资金支持用来开展先进的节能改造，只有提供给客户最先进、最节能的技术与设备才可以保证节能项目的工程质量，可以形成节能项目经济效益保障体系，充分体现了全新的服务理念。

（四）实现多方共赢

合同能源管理模式在节能改造实施过程中涉及多个组成单位，包括客户单位、设备制造商、金融机构、具体的施工单位等，节能服务公司通过实施节能改造项目分享客户的节能收益来收回在项目实施阶段的投资，并获取合理利润；客户单位不仅能够分享到部分节能改造所带来的收益，还能在合同能源管理的合同期满后获得项目实施过程中节能设备的所有权，合同期满后享受节能改造所带来的收益；对于参与到合同能源管理的金融机构而言，则能在节能改造的运作中连本带利地收回投资；对节能设备制造商而言，能够将其所生产的节能产品加以广泛地推广利用，并获取设备销售利润。基于此，各方在合同能源管理项目运作中形成了以共同利益为基础、积极进行合作的良好关系。

六、合同能源管理的项目优势

基于上文介绍的特点，相比其他能源管理模式，具备多种项目优势。客户对节能改造项目持保留态度很大程度上是因为实施节能改造项目有一定的风险，并且节能改造所带来的经济收益并不十分明显，反而会分散企业经营精力，另外，实施改造项目的资金压力也不得不考虑。而合同能源管理项目将资金压力、经营精力、项目风险从节能改造企业方转给了节能服务公司，从而打消企业的这些担心和疑虑。与传统类型的节能改造项目相比较，节能服务公司所提供的合同能源管理机制存在着下列运作优势。

（一）合同的整合性

大多数情况下，一般的节能改造活动都以能够改造的相关设备作为实施的第一步，进而逐步开展节能改造活动。分开拟定设计、运行、安装管理的有关合同。对客户而言，节能服务公司所提供的最大价值是：它能够对节能改造服务过程中的多种合同关系进行有效整合，减少了实施节能改造项目的时间。

（二）提供综合的服务

节能服务公司为客户提供节能改造综合服务，所以节能服务公司必须全程参与节能项目过程，从分析项目可行性到节能改造项目的运行管理缺一不可。提供全面的能源监测、验证专业服务以确保节能效果。

（三）多赢性

成功实施某个合同能源管理项目，会牵涉到下列方面：节能服务公司、节能改造的客户、节能设备制造商以及银行等，各利益主体均能够从节能改造项目获得可观的收益，只有建立多赢的局面，才会使得各方有积极的意愿加入到合同能源管理项目中来。

第三节　公共机构合同能源管理发展概述

合同能源管理机制产生的背景是20世纪70年代爆发的第一次石油危机。当时由于能源价格上涨，企业和各种公共机构都有减少能源消费、降低生产和运行成本的急切意愿。但是普遍的问题是：一是技术选择有风险，当时企业和公共机构面对大量的设备供应商向他们推销节能技术和设备，感到迷茫和为难，很难判断技术的可靠性和适用性；二是项目融资问题，对企业来说，有需要动用流动资金带来的困难，对于公共机构，有需要增加经费预算的困难。当时有些有识之士注意到这个社会需求市场，开始成立ESCO，以合同能源管理机制为企业和公共机构提供上述服务。ESCO的出现和发展正是在这样的背景下发生的。美国和加拿大是ESCO最早的发源地，后来在发达国家也陆续发展起来。到了20世纪90年代，ESCO也开始在发展中国家出现并逐步发展。经过30多年的发展，特别是在各国努力应对全球气候变化的形势下，以合同能源管理机制为基础发展起来的节能服务市场，已在全球范围内成为具有相当规模的新兴产业。

一、国外合同能源管理发展概述

研究国外合同能源管理发展情况，对于推动我国合同能源管理的发展具有重要意义。受材料限制，本书只对合同能源管理的起源地美国，以及发展较为成熟的欧盟市场做出总结，由于欧盟各国差异较大，尚未找到相关数据资料，只对其做一般性的概述。

（一）美国ESCO的发展概况

美国是合同能源管理的发源地，也是目前全球具有最完善节能市场化机制的国家。据美国国家节能服务公司协会（NAESCO）发布的统计数据显示，美国的节能服务产业自20世纪90年代以来，一直保持稳健的增长。

美国节能服务市场的快速发展与政府的强制性节能政策和相关的鼓励政策密切相关。相关法规及财政扶持政策是美国ESCO快速发展的重要推动力。

从分布的组织性质来看，美国的节能服务市场的发展主要依赖于公共机构和设施（MUSH）以及联邦政府。从业务范围来看，美国节能服务产业的利润涉及范围越来越细化，来源包括节能技术和能效提高、可再生能源利用、发动机/涡轮发电机的安装、咨询管理等方面，但超过70%的来源是节能技术和提高能效，而在可再生能源利用方面的比例则明显减少。

从类型来看，美国的节能服务公司主要包括三类：一是独立的节能服务公司，二是附属于节能设备制造商的节能服务公司，三是附属于公用事业公司（如电力公司、天然气公司、自来水公司）的节能服务公司。节能服务市场在不断壮大中也被发掘出更大的市场潜力。

1. 独立的 ESCO

美国最早出现的 ESCO 都是独立的，通常都有自己的独特的专业优势。它们服务范围比较广泛，主要包括学校、医院、商业建筑、公共服务设施、政府机关、居民和工厂企业等。

2. 附属于节能设备制造商的 ESCO

美国的一些节能设备制造商发现通过 ESCO 的服务可以推销他们所生产的设备，因此，部分设备制造商创办附属的 ESCO。这些 ESCO 借助设备自制的优势，通过组合各种成熟的技术，迅速打开节能服务市场。

3. 附属于公用事业公司（如电力公司/天然气公司/自来水公司）的 ESCO

公用事业公司意识到，ESCO 及其客户所获得的节电收益实际上就是电力公司减少的收益，因为节电减少了电力公司的电力销售量。因此许多电力公司成立附属的 ESCO，通过为客户提供的节能服务减少客户的电力成本。这种 ESCO 不仅能弥补因节电而引起的电力公司的收益损失，而且可以提高供电质量，改善电力公司在电力供应市场中的竞争地位。

（二）加拿大 ESCO 的发展概况

20 世纪 70 年代，在联邦政府的支持下，魁北克省政府与电力公司合作成立了第一家商业性的 ESCO，经过几年运行就显示了它的盈利机会和生命力。此后，政府为支持 ESCO 的发展，要求政府机关大楼带头接受 ESCO 的服务；同时，加拿大的六家大银行都支持 ESCO，银行基于对客户项目的评估，优先给予资金支持。

为促进政府机关大楼带头接受 ESCO 的服务，加拿大联邦政府做了大量的工作。1992 年，加拿大政府开始实施“联邦政府建筑物节能促进计划”，其目的是帮助各联邦政府机构与 ESCO 合作进行办公楼宇的节能工作，并制订了在 2000 年前联邦政府机构节能 30%的目标。联邦政府建筑物节能促进计划详细制订了政府机构执行合同能源管理项目的方法指南和执行程序，这一计划的实施具有重要意义，主要包括：

- 政府在节能工作上可起示范带头作用（有利于政府推动节能工作）；
- 可节省财政开支 20%～30%（节省下来的资金留给政府机构）；
- 解决节能投资的资金来源问题（由 ESCO 帮助项目融资，不需要增加政府的财政预算）；
- 提高政府机构的工作效率（室内工作条件得到改善）；
- 增加社会就业机会（ESCO 形成新兴产业）；

● 推动全社会的节能，减少环境污染，减少温室气体的排放。

加拿大 ESCO 的主要业务市场为政府大楼、商业建筑、学校、医院的节能改造，工业企业的节能技术改造，居民用能设备的升级。

（三）欧洲各国 ESCO 的发展概况

20 世纪 80 年代末期，欧洲各国的 ESCO 逐步发展起来，ESCO 项目运作机制的核心也是同客户进行节能效益分享。但是，欧洲 ESCO 运作的项目有别于美国和加拿大，主要是帮助客户进行技术升级以及热电联产一类的项目，项目投资规模较大、节能效益分享的时间较长，项目的融资以及项目实施的合同也较为复杂。与美国、加拿大相比，欧洲 ESCO 更多的是依靠政府有关能源开发、环境保护的政策为其营造的孕育发展的环境。

欧洲各国采取多重措施推动合同能源管理的发展，但各国侧重点不同，采取的措施也不同。比如英国更多的是采取市场化的手段来推动节能政策的发展。在气候变化的大背景下，英国率先在国内建立碳交易机制，以此来推动企业节能减排，同时也通过法律的手段来规范市场的健康发展。而意大利和法国采用白色政府交易作为配套机制，该机制是通过限定能源供应商在一定时期内的目标能效提高量来提升全社会的能源使用效率。欧盟各国还积极推动公共机构与节能服务公司合作。

1. 西班牙

西班牙是欧盟国家中电力相对短缺的国家之一，因此，开发电力满足经济发展对电力的需求和节约能源、保护环境成为西班牙节能服务公司产生、发展的契机和动力。西班牙政府从节约能源保护环境的目标出发，制定发布了一系列鼓励开发热电联产、可再生能源发展的“硬性”政策，这些政策的核心内容是：

（1）允许私人公司兴办热电联产和可再生能源发电项目；

（2）要求电力公司必须按政府规定的价格收购私人电力公司的电力。

这种政策极大地鼓励了私人投资者向热电联产和风力发电项目上发展。采用合同能源管理机制为客户开发热电项目提供一系列的能源服务，既避免了客户直接投资所带来的资金风险和项目技术风险，还能从项目中收益，因此很受客户的欢迎，使得 ESCO 的业务发展很迅速，目前其业务每年以 5%～10%的速度增长。

除了政策上给予支持外，西班牙政府还在市场开拓、技术开发、风险管理、运行机制等方面为私人公司作出示范。具体做法是：将 20 世纪 80 年代隶属于工贸部的能源研究所，逐步改制为兼有政策研究和项目示范双重功能的能源机构（IDAE），该机构不仅为西班牙政府制定节能政策，提供咨询服务和技术支持，同时也是一个商业化运作的 ESCO。

2. 意大利

同西班牙相比，意大利的 ESCO 发展相对迟缓。意大利国家电力公司（ENEL）和新技术能源环境委员会，在推进节能政策和技术开发方面做了大量的工作。意大利新技术能源环境委员会，是意大利政府推进节能工作、开发节能技术、制定节能政策的国家事业机构。

3. 法国

法国是欧洲各国电力出口最大的国家，也是世界上核电比例最高的国家之一，但法国政府仍然十分注重节能和环境保护。同其他国家相比，法国的 ESCO 多为行业性的，在煤气、电力、供水等行业较发达，这些 ESCO 不仅提供节能方面的服务，而且还承担相应的类似物业管理方面的工作，因此他们的收益不仅来自节能而且还来自节能、能源供应有关的一系列服务。

二、国外合同能源管理发展经验

国外合同能源经过多年的历史发展和经验沉淀，节能服务市场发展更为成熟，为我国合同能源发展提供了宝贵的经验。

（一）政府积极带头示范

从能源消费角度看，政府本身就是用能单位，且机构众多，节能潜力也非常大，而且项目风险较小，技术较为简单，因而一国政府就是一个庞大的市场。我国的公共机构规模庞大，这个市场的开发对于节能服务市场的发展具有重要意义。

从国外来看，公共机构带头示范推动合同能源管理的发展是一个较为普遍的规律。1992 年，加拿大政府开始实施“联邦政府建筑物节能促进计划”，帮助节能服务公司与联邦政府合作，推动办公楼的节能工作。美国联邦政府积极支持政府机构节能项目，推动政府机构与节能服务公司的合作。欧盟各国也积极推动公共领域节能，以此来促进节能服务市场的发展。

政府自身节能可以起到双重作用，政府采用合同能源管理不仅可以减少能源消费、节约开支，拉动对节能产品的需求，而且对社会可以起到示范带头作用，推动企业和其他机构节能。因此加大公共机构节能力度，对于带动全社会节能具有重要意义。

（二）完善的政策支持体系与法律保障体系

市场经济能否健康发展很大程度上依赖于完善的法律保障，节能服务市场也不例外。明确的法律规定实际上为节能服务公司提供了有力的法律保障，有效避免节能服务公司与用能单位之间相互扯皮、推诿。美国 50 个州中的 46 个州通过了对合同能源管理的立法，这些法律对合同能源管理项目的期限、招投标流程以及融资等内容都做了规定。德国则更侧重于打造完善的政策体系。2002 年成立的德国能源局其主要工作之一就是为企业和公众提供节能咨询；德国还有完善的统计体系，统计程序科学严谨，统计结果公开透明，这些都为节能服务企业的发展提供了良好的外部环境。此外，德国还通过立法确立节能标准，强化宣传力度，提高节能意识。除了确立标准，更多的是要加强监管，为合同能源管理的发展提供良好的市场环境。

（三）充分发挥行业协会的作用

在市场经济条件下，政府对市场的干预会受到种种限制，这样就需要借助行业协会来履行政府的部分职责，从而使政府间接地对市场进行干预。从世界范围来看，节能服务市场发展较为完善的国家，大多有自己的行业协会（见表1－1）。我国的节能服务产业协会成立于2003年，时间相对较晚，这也说明了我国节能服务产业发展相对滞后。

表1－1　各国节能服务产业协会表

国家	协会名称	成立时间（年）
澳大利亚	澳大利亚合同能源管理有限协会（Australasian Energy Performance Contracting Association Limited, AEPCA）	1997
美国	国家节能服务公司协会（National Association of Energy Service Companies, NAESCO）	1987
巴西	巴西节能服务公司协会（Brazilian Association of Energy Service Companies, ABESCO）	1997
加拿大	加拿大节能服务公司协会（Canadian Association of Energy Service Companies, CAESCO, 2001年注销）	1991
中国	中国节能协会节能服务产业委员会（Energy Management Company Association, EMCA）	2003
科特迪瓦	科特迪瓦能效服务公司协会（Association of Enterprises of Energy Efficiency Services of Cote D’ivoire）	2001
埃及	埃及能源服务商业协会（Egyptian Energy Service Business Association）	1999
意大利	集成系统协会与意大利节能服务公司协会（Association of Integrated Systems, AGESI and Association of Italian Energy Service Companies, A IESCO）	1999/2003
日本	日本节能服务公司协会（Japanese Association of Energy Service Companies, JAESCO）	1999
韩国	韩国节能服务公司协会（Korean Association of Energy Service Companies, KAESCO）	1999
南非	南非节能服务公司协会（South Africa Association of Energy Service Companies, SAAES）	20004
瑞士	瑞士节能服务公司协会（Swiss Association of Energy Service Companies, SAESCO）	1998
乌克兰	乌克兰节能服务公司协会（Ukrainian Association of Energy Service Companies, UAESCO）	1997
英国	英国能源系统商贸协会（Energy Systems Trade Association, ESTA）	1982

行业协会是沟通企业和政府的重要桥梁，对于推动合同能源管理的发展起着至关重要的作用。如韩国的KAESCO在提供标准合同标本、确立标准方面发挥着重要的作用。

整体来看，经过几十年的发展，国外的节能服务市场发展相对较为成熟，但目前也还面临着诸多难题，这些都为我国节能服务市场的发展提供了宝贵经验。因此，要对国外的市场进行研究，同时结合我国国情，科学合理地制定发展政策。

三、我国合同能源管理发展概述

（一）我国引入合同能源管理机制的背景

我国政府历来高度重视节能减排，在计划经济时期，我国主要是通过政府节能主管部门、各级节能服务机构和企业节能管理部门三位一体的行政体系推进节能工作，这种模式在计划经济体制下发挥了重要的作用并取得了显著的节能成就。随着我国经济体制面向市场的过渡和转变，企业的自主权扩大，政府节能主管部门的行政管理职能也随之发生了改变，政府提供的节能专项资金也十分有限，这种模式逐步失去了活力和效力。另外，由于大多数节能项目的规模和经济效益在企业经营中并不占有重要地位，加上传统的节能项目投资机制把所有的项目风险都集中到投资方，因此，多数用能单位把主要注意力放在扩大生产和增加产品的市场份额上，对节能工作不够重视，实施节能项目的积极性不高，从而使大量的节能项目难以立项和实施。

20 世纪 90 年代中期，我国政府和节能专家认为，为进一步推动我国的节能工作，迫切需要引入一种促进节能工作的市场化机制。从 1996 年起，中国政府与世界银行和全球环境基金（GEF）共同组织实施“世界银行/GEF 中国节能促进项目”，其主要目的是通过在中国支持和推广合同能源管理节能运作机制，促使中国节能普遍实施。经过长达 15 年的持续努力，该项目顺利地将合同能源管理机制引入到中国，并推动其快速发展，开启了中国节能服务产业发展的新纪元，为我国实现节能目标作出巨大贡献。

（二）合同能源管理机制在我国的发展历程

合同能源管理在中国的发展大致可分为三个阶段：筹备阶段，示范 ESCO 阶段，快速发展阶段。

1. 筹备阶段

1992—1994 年，在世界银行和全球环境基金（GEF）的支持下，中国完成了《中国温室气体排放控制问题及战略研究》。该项研究的一个重要结论是：中国有巨大的节能潜力，全社会存在着大量技术成熟、经济和环境效益都很好的节能项目；但由于各种市场障碍，这些项目未能普遍实施。为此，中国政府与世界银行多次讨论如何促进节能项目普遍实施的问题。

经过一系列的研究与讨论，中国政府与世界银行一致认为：中国正经历从计划经济向市场经济过渡的深刻社会变迁，在新的社会形势下，有必要引进和推广一种基于市场的节能投资与服务融为一体的新机制——合同能源管理。随后，我国开始调研合同能源管理机制在美国等发达国家的发展情况，并筹划将其引入中国。

2. 示范 ESCO

1996 年，以合同能源管理机制为基础的三家示范 ESCO——北京源深节能技术有限责任公司、辽宁省节能技术发展有限责任公司和山东省节能工程有限公司先后成立，在中国拉开了推广合同能源管理的序幕。

3 个示范 ESCO 在成立和发展过程中得到我国政府和国际组织（欧盟、世界银行和全球环境基金）的支持和帮助。原国家经贸委通过“世界银行/GEF 中国节能促进项目”，在技术、商务方面对示范 ESCO 的人员进行了培训，在资金方面给予了 GEF 赠款和世界银行贷款，为公司进入市场竞争提供了有利条件。

3 家示范 ESCO 的能效投资逐年增长，截至 2006 年 6 月底，累计为 405 家客户实施了 475 个节能项目，投资总额达 13.31 亿元人民币。通过实施项目，ESCO 获得纯收益 4.2 亿元人民币，而客户的净收益是 ESCO 收益的 8～10 倍。这些项目产生了良好的节能和环境效益，形成节能能力 151 万吨标准煤/年，形成二氧化碳减排能力 145 万吨/年，圆满完成了中国政府与世行在协议中的既定目标。

示范 ESCO 的迅速发展对于中国节能服务产业的最大贡献在于其示范引领作用，极大推动了中国节能服务产业的发展，加快了节能服务的市场化进程。

3. 快速发展阶段

2000 年 6 月 30 日，原国家经贸委资源节约与综合利用司向全国发出《关于进一步推广合同能源管理机制的通告》，并做了大量的宣传、培训工作。这一通告得到了社会各界的响应，随之涌现出许多新兴/潜在的节能服务公司（ESCO）。

2003 年 11 月，国家发展改革委与世界银行在中国投资担保设立世行项目部为中小企业解决贷款担保的难题，并专门成立了一个推动节能服务产业发展，促进节能服务公司成长的行业协会——中国节能协会节能服务产业委员会（EMCA）。EMCA 是我国节能服务产业的行业协会性组织，也是国家发展改革委/世界银行/全球环境基金（GEF）中国节能促进项目二期子项目执行机构之一。

EMCA 为民政部正式批准成立的非盈利社会团体组织，其目标是推广和发展以 EMC 机制运作的节能服务公司，有针对性地为新兴/潜在节能服务公司提供强有力的技术援助，帮助他们建立与提高各方面的运营能力，促成更多新节能服务公司的建立与发展，并最终形成我国的节能服务产业。EMCA 在节能技术、节能项目运作、国家节能政策和规划、金融、财务、税务、法律等方面拥有强大的专家队伍和技术实力，在国家发展改革委、财政部、世界银行的指导下，在世界银行/全球环境基金中国节能促进项目办公室的直接领导下，以宣传和推广“合同能源管理”节能机制为手段，以新兴/潜在节能服务公司发展需求为导向，以配合政府机构推动节能工作为依托，以建立和提升 EMCA 自身能力为根本开展工作。

实行合同能源管理，可以大大降低用能单位节能改造的资金和技术风险，充分调动用能单位节能改造的积极性，国外的实践已证明这是行之有效的节能措施。加快推行合同能源管理，积极发展节能服务产业，是利用市场机制促进节能减排的有力措施，是培育战略性新兴产业、形成新的经济增长点的迫切要求，是建设资源节约型、环境友好型社会的客观需要。近些年合同能源管理对推进我国工业节能起到了重要作用，并逐步延伸到了建筑、交通及公共机构等领域，可见EMCO的服务市场进一步快速扩展。

在公司类型方面，我国存在几种不同类型的公司模式，采用“合同能源管理”模式实施节能项目是这些ESCO的共同特征。在公司组建之初和运营的过程中，由于依托的关键资源存在差异，主要有以下三种类型的ESCO。

一是资金依托型。公司经营的特征是以市场需求为导向，利用资金优势整合需要的节能技术和节能产品，实施节能项目。这些公司不拘泥于专一的节能技术和产品，具有较大的灵活性，市场跨度大，辐射能力强，能够在不同行业实施多种技术类型的节能项目。

二是技术依托型。以某种节能技术或者节能产品为基础发展起来的节能服务公司，节能技术或者节能产品是公司的核心竞争力。利用公司在技术和产品方面的优势，开拓市场，逐步完成资本原始积累，并不断寻求新的融资渠道，获得更大的市场份额。这类公司大多拥有自主知识产权，技术风险可控，项目收益较高；目标市场定位明确，有利于在某一特定行业形成竞争力。如果能保持技术不断创新，较好地解决融资问题，企业发展速度将十分可观。

三是市场依托型。拥有特定行业的客户资源优势。通过整合相应的节能技术和节能产品，实施节能项目。这类ESCO开发市场的成本较低，由于与客户的深度认知，来自客户端的风险较小，有利于建立长期合作关系，并获得客户对节能项目的直接融资。这类公司需要很好地选择技术合作伙伴，有效地控制技术风险。

四、我国合同能源管理的成功经验

（一）上海市推广合同能源管理的经验

上海是中国推行合同能源管理较早的地区之一。2002年9月，上海在中国率先成立合同能源管理指导委员会，负责进行EMC公司的指导以及EPC模式的推广工作，全市首例合同能源管理项目——上海新亚药业有限公司的循环冷却水系统改造也于当年开始实施。根据上海市的特点，采取市场化运作方式，政府支持实施节能技术改造示范项目，上海市合同能源管理指导委员会办公室对示范项目进行全过程跟踪，直至项目竣工验收，并对示范项目前期开发费用给予适当补贴。

2003年9月，上海2003年合同能源管理国际研讨会在上海锦江饭店召开。会议由上海市经济委员会、建设委员会、市外国专家局及美国能源部、劳伦斯伯克利国家实验室联合主办，国家发展改革委环境资源司司长参加会议并讲话，20多位中外专家及领导发言，参加会议的代表120余人。会议交流了中外 EMC 公司的经验，对上海市的 EMC 公司运作起到了推动作用。

此后，随着全市企事业单位对能源管理服务的需求逐年上升，在政府部门的支持下，上海市场陆续出现了一批节能服务公司。为了鼓励更多企业实施合同能源管理，政府相关部门组成专家班子，对完成的合同能源管理项目进行测评，凡是达到预期效果的，由财政拨付专项资金，返还节能项目的前期诊断费用。

（二）山东省推广合同能源管理的经验

山东省为国内最早开展合同能源管理试点的省份之一，经过了将近二十年的发展，合同能源管理在山东省逐步进入快车道，走在了全国的前列。

1. 建立完善政策支撑体系，强化政策落实

2008 年，山东省在全国率先出台了《关于加快发展节能服务产业的意见》，明确了发展节能服务产业的总体思路、主要目标和具体措施，为推动全省节能服务产业快速健康发展奠定了基础。国家《关于加快推行合同能源管理促进节能服务产业发展的意见》《合同能源管理项目财政奖励资金管理暂行办法》出台后，省政府及时制定了贯彻实施意见，提出了 26 条具体措施，进一步完善了促进节能服务产业发展的政策体系。加大资金投入，及时落实项目配套资金，制定合同能源管理项目申报管理办法和申报指南，规范项目申报工作，确保项目质量。

2. 稳步推进项目实施，壮大节能服务产业队伍

2010 年，根据《国务院办公厅转发发展改革委等部门关于加快推行合同能源管理促进节能服务产业发展意见的通知》（国发办〔2010〕25 号），国家财政部和国家发展改革委联合发布了《合同能源管理项目财政奖励资金管理暂行办法》（财建〔2010〕249 号）。根据暂行办法，国家和省设立合同能源管理项目奖励专项资金，突出工业、建筑等两大领域，支持以节能效益分享型合同能源管理模式实施的节能改造项目，对项目节能量达到标准的，按照每吨标准煤 300 元给予补贴。

（三）安徽省推广合同能源管理的经验

1. 基本原则

一是坚持发挥市场机制作用。以分享节能效益为基础，建立市场化的节能服务机制，促进节能服务公司（机构）加强科技创新和服务创新，提高服务能力，改善服务质量。二是加强政策支持引导。落实国家政策，制定完善省级和市、县级激励政策，加强行业监管，强化行业自律，营造有利于节能服务产业发展的政策环境和市场环境，引导节能服务产业健康发展。

2. 积极在重点领域推广合同能源管理

积极挖掘安徽省传统产业的节能潜力。在能源消费高的工业领域，大力推行合同能源管理新机制，充分调动用能单位节能改造的积极性，有效缓解工业企业节能投入压力，降低用能单位节能改造的资

金和技术风险，使多方共享节能降耗效益。

大力推进公共机构领域合同能源管理。重点选择能耗高、潜力大的公共机构开展合同能源管理试点示范，政府机关和财政拨款单位要率先垂范，从整体照明、中央空调等耗能大的方面入手，推进公共机构节能。

3. 加大财政资金支持力度

落实财政部、国家发展改革委《合同能源管理项目财政奖励资金管理暂行办法》（财建〔2010〕249 号）精神，对节能服务公司采用合同能源管理方式实施的节能改造项目，优先推荐申报中央预算内节能专项投资和中央财政节能奖励专项资金支持，给予资金补助或奖励。

逐步增加省级全社会节能专项资金。落实国家要求的合同能源管理地方配套资金，扶持有市场、有实力、有技术的节能服务企业发展壮大。省级节能专项资金和市县节能专项资金也要安排一定资金，支持和引导节能服务产业发展。

五、我国合同能源管理问题现状

为适应能源发展新形势，抓住新的商业机遇，各大能源企业也纷纷涉及合同能源管理服务业务，新能源企业纷纷延长各自的产业链、快速拓展其业务范围，为未来的能源竞争和企业可持续发展提前布局。目前市场上典型的能源服务供应商主要有国网综合能源服务集团有限公司、南方电网综合能源股份有限公司等。

（一）发展阻碍

虽然近年来我国合同能源管理行业发展迅速，市场体量也在不断扩大，但产业本身仍然存在一些有待解决的问题。

1. 政策方面

企业缺乏实施节能项目的动力。现行节能法律约束力较弱，缺乏强制性的规定以及经济激励手段促使企业实施节能改造，对能源利用效率低的企业或行为没有明显的惩罚措施。对节能行为缺乏明显的激励政策，特别是没有与节能的环保效益挂钩。除部分高耗能企业从节省成本出发对节能有一定认识外，大多数企业因为能源占产品成本不是太高，没有节能的积极性。

节能服务产业的市场不规范，缺乏评价标准，能源服务公司在我国还处于发展初期，没有成熟的行业规范，诸如服务标准、节能量检测和认定办法、合同规范及其履约道德准则等。同时也缺乏评价节能服务公司服务质量好坏的标准，节能服务市场比较混乱。

2. 融资方面

节能服务公司融资困难。我国的能源服务公司很难通过银行等金融机构为合同能源管理项目融资。多数运营的节能服务公司经济实力较弱，无力提供保证其贷款安全性的担保或抵押。由于合同能源管理的投入产出周期长，大项目一般在投入几年以后才会有回报，企业要进行后续投入面临很大的资金压力。而作为中小企业，又是新生的企业，商业资信度相对较低，很难从银行获得商业贷款，制约了企业的进一步发展。因资金不足，大量好的节能技改项目无法实施。

缺乏信用评价机制，银行授予信用额度低。由于我国大部分的节能服务公司规模较小，经济实力不强，常常无力向银行提供信用担保和足额的抵押。因此，银行对这些公司的信用度水平存在质疑，授信额度很低。

3. 能源服务公司方面

能源服务公司专业化不强，缺乏运营能力。节能服务公司的运营机制是全新的，又比较复杂，潜在的节能服务公司基本都没有受过专业培训，大多数缺乏综合技术能力、市场开拓能力、商务计划制定能力、财务管理与风险防范能力、后期管理能力等，降低了向用户提供服务的水平。

节能效果的评测问题是合同能源管理项目的核心问题，节能服务公司的所有收益实质上都来自节能收益。但目前节能服务公司在节能量的核准和评估上缺乏权威的节能量核准手段，经常难以与企业达成一致，缺少具有一定权威性的第三方机构来进行节能量的核准和评估。

（二）未来发展趋势

纵使我国合同能源管理行业依然存在着不少的问题，但随着国家对节能环保越来越重视和政策的不断完善，合同能源管理未来发展趋势必然是势不可挡。据国际能源署（IEA）的数据显示，我国建筑能耗比重维持在30%左右，且终端能源利用效率较低，大大增加了经济增长和企业发展的成本；此外，国内能源利用技术、能源管理与使用模式相比发达国家较为滞后，大大增加了中国单位国民生产总值的能耗水平。因此，节能减排是中国现阶段发展所面临的一个重要问题，这也说明了国内节能服务产业、能源管理技术存在着巨大的发展潜力和空间。

过去10年，我国合同能源管理项目投资规模年复合增速近60%，预计未来三年将保持16%～25%的年均增速。在美国等发达国家，超过30%的节能项目都是通过EMC模式建造与营运的，而目前在国内，合同能源管理模式才刚刚起步，国家和地方政府高度重视，出台了多项优惠政策积极推广。合同能源管理这一商业模式在我国存在着广阔的节能市场，节能服务企业会不断寻找客户实施节能项目，公共机构这一用能主体将会成为短期重点目标。

第四节　公共机构合同能源管理政策与标准

为加快推行合同能源管理，促进节能效劳产业开展，国家和各地方政府不断出台合同能源管理鼓励政策进行扶持。为了让大家方便查找或者整体了解我国合同能源管理政策，本书对国家和地区发布的合同能源管理政策进行了汇总。

一、国家层面的政策措施

为了加快推广合同能源管理，促进节能服务产业发展，2000年以来，我国政府陆续发布了一系列鼓励合同能源管理的政策措施。如表1－2所示。

表1–2　　国家公共机构能源托管相关政策及规范汇总

发布日期	部门	文件	重点内容
2008年8月1日	国务院	《公共机构节能条例》	公共机构节能工作首次写入国家文件，进入规范化轨道
2020年10月1日	国家市场监督管理总局、国家标准化管理委员会	《合同能源管理技术通则》	为合同能源管理项目实施，建立健全统一的用能量和节能量审核方法、标准、操作规范和流程以及业务模式、付款方式等都提供了参考
2021年2月2日	国务院	《关于加快构建绿色低碳循环经济体系的指导意见》	鼓励公共机构开展能源托管服务
2021年2月20日	国管局	《中央和国家机关能源资源消耗定额》	涵盖了中央和国家机关主要用能评价指标和重点用能部位，加快推动节能工作
2021年2月27日	国家卫生健康委	《国家三级公立医院绩效考核操作手册（2023版）》	万元收入能耗支出列为重要考核指标
2021年6月1日	国管局、国家发展改革委	《“十四五”公共机构节约能源资源工作规划》	推行合同能源管理、合同节水管理等市场化机制，鼓励采用能源费用托管等合同能源管理服务模式，调动社会资本参与公共机构节约能源资源工作
2021年10月24日	中共中央、国务院	《关于完整准确全面贯彻新发展理念做好碳达峰碳中和工作的意见》	推进经济社会发展全面绿色转型
2021年12月28日	国务院	《“十四五”节能减排综合工作方案》	加快公共机构既有建筑围护结构、供热、制冷、照明等设施设备节能改造，鼓励采用能源费用托管等合同能源管理模式
2022年3月1日	住房城乡建设部	《“十四五”建筑节能与绿色建筑发展规划》	逐步建立完善合同能源管理市场机制，提供节能咨询、诊断、设计、融资、改造、托管等“一站式”综合服务
2022年9月9日	国管局、国家发展改革委、财政部	《关于鼓励和支持公共机构采用能源费用托管服务的意见》	公共机构采用能源费用托管服务，通过市场化机制推进能源资源绿色低碳利用，减少运行中不必要的支出
2023年1月18日	国管局	《2023年公共机构能源资源节约和生态环境保护工作安排》	推广应用能源费用托管服务等合同能源管理模式，更大力度推动公共机构开展节能降碳改造
2023年3月23日	中国节能协会节能服务产业委员会	《公共建筑能源费用托管型合同能源管理服务规范》	规定公共建筑能源费用托管型合同能源管理的原则、服务流程、服务要求，对能源基准的确定和能源托管费用的调整给出了指导方法

二、地方政府的政策措施

为贯彻落实25号文，各地方政府自2010年起陆续制订本地适用的实施意见，根据《合同能源管理财政奖励资金管理暂行办法》各地制订实施细则，根据本地情况制订节能服务公司备案制度、节能服务中介机构管理制度、公共机构合同能源管理办法等。如表1－3所示。

表1－3　　地方政府合同能源管理政策

发布日期	省（区、市）	文件	重点内容
2022年6月15日	安徽省	《安徽省“十四五”节能减排实施方案》	加快公共机构既有建筑围护结构、供热、制冷、照明等设施设备节能改造，鼓励公共机构采用能源费用托管等合同能源管理模式
2023年7月4日	安徽省	《关于推进建筑领域合同能源管理的若干意见》	深入推进重点项目合同能源管理：加快学校、医院、商场、酒店等大型公共建筑，依托节能服务公司实施建筑节能改造；鼓励公共建筑积极采用合同能源管理方式实施节能改造。 推动新兴场景合同能源管理应用：推动集中式空气源热水系统、地源热泵系统、水（冰）蓄能系统、储能和充放电系统、集中冷热联供能源站、高效空调机房、光伏建筑应用等新兴场景，采用合同能源管理模式。在城市道路绿色照明改造、城市污水和垃圾处理设施节能改造、城市供水等基础设施节能改造方面探索开展合同能源管理业务。 加快培育建筑节能服务产业市场：支持以园区为载体引进设立专业化节能降碳管理服务平台，系统谋划推进园区节能降碳工作。鼓励节能服务公司为用能单位提供节能诊断、融资、改造、运营等服务，并按照合同约定与用能单位分享节能效益
2022年2月22日	北京市	《北京市“十四五”时期公共机构节约能源资源工作规划》	鼓励具备条件的公共机构采用合同能源管理模式，推进政府购买合同能源管理服务。加快提升民用建筑用能管理智慧化水平
2022年12月23日	北京市	《北京市公共机构采用能源费用托管服务实施办法》	能耗强度不达标的公共机构，要积极主动实施节能改造和运维管理升级
2022年5月21日	福建省	《福建省“十四五”能源发展专项规划》	积极推广节能咨询、诊断、设计、融资、改造、托管等“一站式”综合服务模式
2022年6月8日	福建省	《福建省“十四五”节能减排综合工作实施方案》	持续推进公共机构既有建筑围护结构、制冷、照明、电梯等设施设备节能改造，提升能源资源利用效率，鼓励采用能源费用托管等合同能源管理模式
2022年4月26日	甘肃省	《关于加快建立健全绿色低碳循环发展经济体系实施方案》	鼓励公共机构带头推行能源托管服务
2022年6月24日	甘肃省	《甘肃省“十四五”节能减排综合工作方案》	积极推行合同能源管理和电力需求侧管理，推广节能咨询、诊断、设计、融资、改造、托管等“一站式”综合服务模式
2022年8月31日	广东省	《广东省“十四五”节能减排实施方案》	大力发展节能服务产业，推行合同能源管理，鼓励节能服务机构为用户提供节能咨询、诊断、设计、融资、改造、托管等“一站式”综合服务模式
2022年9月14日	广西壮族自治区	《广西“十四五”节能减排综合实施方案》	鼓励节能服务公司创新服务模式，为用户提供节能咨询、诊断、设计、融资、改造、托管等“一站式”合同能源管理综合服务

续表

发布日期	省(区、市)	文件	重点内容
2022年6月23日	贵州省	《贵州省深入开展公共机构绿色低碳引领行动促进碳达峰实施方案》	鼓励采用能源托管等合同能源管理方式，调动社会资本参与公共机构用能系统节能改造和运行、维护
2022年8月29日	贵州省	《贵州省“十四五”节能减排综合工作方案》	推行合同能源管理，积极推广节能咨询、诊断、设计、融资、改造、托管等“一站式”综合服务模式
2022年3月26日	河北省	《河北省“十四五”节能减排综合实施方案》	大力发展节能服务产业，积极推广节能节水咨询、诊断、设计、融资、改造、托管等“一站式”综合服务模式
2022年4月15日	河北省	《关于推进全省公共机构合同能源管理工作的实施意见》	因地制宜采用能源费用托管型、节能效益分享型等方式，实施综合或单项节能改造及光伏发电等可再生能源利用项目
2022年10月13日	河北省	《关于鼓励和支持公共机构采用能源费用托管服务的意见》	通过能源审计，确定清晰的用能边界、精确的能耗基准、合理的托管基准费用、科学的托管实施方案。公共机构按照能源托管项目合同约定支付给节能服务公司的托管费用
2022年7月28日	河南省	《河南省“十四五”节能减排综合工作方案》	推行合同能源管理，积极推广节能咨询、诊断、设计、融资、改造、托管等“一站式”综合服务模式
2022年3月30日	黑龙江省	《黑龙江省“十四五”节能减排综合工作实施方案》	推行合同能源管理，积极推广节能咨询、诊断、设计、融资、改造、托管等“一站式”综合服务模式
2022年9月13日	湖北省	《湖北省“十四五”节能减排实施方案》	推行合同能源管理，积极推广节能咨询、诊断、设计、融资、改造、托管等“一站式”综合服务模式
2023年3月6日	湖北省	《关于鼓励和支持湖北省公共机构采用能源费用托管服务的意见》	鼓励公共机构采用能源费用托管服务，调动社会资本参与公共机构节约能源工作，推动公共机构绿色低碳转型
2022年8月24日	湖南省	《湖南省“十四五”节能减排综合工作实施方案》	推行合同能源管理，积极推广节能咨询、诊断、设计、融资、改造、托管等“一站式”综合服务模式
2022年8月17日	吉林省	《吉林省“十四五”节能减排综合实施方案》	推广节能咨询、诊断、设计、融资、改造、托管等“一站式”综合服务模式
2022年2月17日	江苏省	《2022年江苏省公共机构能源资源节约和生态环境保护工作要点》	鼓励公共机构采用合同能源管理等市场化模式，实施既有建筑节能改造和能源综合一体化管理，重点用能单位要带头实施
2023年3月6日	江苏省	《江苏省公共机能源托管规程》	该标准规定了江苏省公共机构实施能源托管项目的基本要求，还结合地方定额管理要求，细化了项目准备、实施、运营全过程的管理要求
2021年3月18日	江西省	《关于进一步推进公共机构合同能源管理的实施意见》	公共机构采用合同能源管理方式实施节能改造，应当按合同支付节能服务公司的费用。合同金额列入部门预算，视同能源费用列支
2022年6月6日	江西省	《江西省“十四五”节能减排综合工作方案》	推行合同能源管理，积极推广节能咨询、诊断、设计、融资、改造、托管等“一站式”综合服务模式
2022年2月28日	辽宁省	《2022年辽宁省公共机构节能工作要点》	充分调动公共机构引入社会资本开展节能改造的积极性、主动性，推动更多能源费用托管等合同能源管理项目和合同节水管理项目落地
2022年6月25日	辽宁省	《辽宁省“十四五”节能减排综合工作方案》	推行合同能源管理，积极推广节能咨询、诊断、设计、融资、改造、托管等“一站式”综合服务模式
2022年5月25日	内蒙古自治区	《内蒙古自治区“十四五”节能减排综合工作实施方案》	推行能源费用托管等合同能源管理模式，积极推广节能咨询、诊断、设计、融资、改造、托管等“一站式”综合服务模式

续表

发布日期	省(区、市)	文件	重点内容
2022年6月27日	内蒙古自治区	《关于完整准确全面贯彻新发展理念做好碳达峰碳中和工作的实施意见》	发展市场化节能方式，推行合同能源管理，推广节能咨询、诊断、设计、融资、改造、托管等“一站式”综合服务
2022年8月24日	宁夏回族自治区	《宁夏回族自治区“十四五”节能减排综合工作实施方案》	推行能源费用托管等合同能源管理模式，积极推广节能咨询、诊断、设计、融资、改造、托管等“一站式”综合服务模式，培育专业化节能服务机构
2022年9月8日	青海省	《青海省“十四五”节能减排实施方案》	推进各公共机构对既有建筑围护结构、照明、电梯等综合型用能系统和设施设备节能改造，提升能源利用效率
2022年2月18日	山东省	《2022年山东省公共机构能源资源节约和生态环境保护工作要点》	大力推广能源托管服务等合同能源管理模式，积极引入资金、技术等社会资源推动绿色化节能改造
2022年10月27日	山东省	山东省“十四五”节能减排实施方案》	加大合同能源管理“章丘模式”推广应用力度，鼓励采用能源托管等服务模式，调动社会资本参与公共机构节能工作
2022年6月30日	山西省	《山西省建筑节能、绿色建筑与科技标准“十四五”规划》	推广合同能源管理、政府和社会资本合作模式（PPP）等市场化改造模式
2021年4月22日	陕西省	《关于进一步推进公共机构实施合同能源管理的意见》	优先采用合同能源管理方式进行节能改造，鼓励实施能源费用托管
2022年10月10日	上海市	《上海市“十四五”节能减排综合工作实施方案》	采用能源费用托管等创新模式，持续推进公共机构既有建筑调适、节能和绿色化改造
2022年7月21日	四川省	《四川省“十四五”节能减排综合工作方案》	推行合同能源管理，积极推广节能咨询、诊断、设计、融资、改造、托管等“一站式”综合服务模式
2021年2月7日	天津市	《关于开展能源费用托管型合同能源管理项目试点工作的通知》	鼓励节能服务公司创新服务模式，为园区、大型公共建筑、公共机构提供综合能源服务，拟开展能源费用托管型合同能源管理项目试点工作
2021年4月14日	天津市	《关于开展公共机构能源费用托管型合同能源管理项目试点工作的通知》	开展公共机构能源费用托管型合同能源管理项目试点工作，是利用市场机制促进能源资源节约和生态环保的重要措施
2022年5月8日	天津市	《天津市“十四五”节能减排工作实施方》	推行节能效益分享、能源费用托管等合同能源管理模式，积极推广节能咨询、诊断、设计、融资、改造、托管等“一站式”综合服务模式，培育专业化节能服务机构
2022年11月7日	天津市	《关于进一步推进全市公共机构能源费用托管工作的通知》	对于多个公共机构同在一个区域集中办公，或者分散办公但存在能源资源牵头管理单位的，适宜利用集中打包的方式实施能源费用托管，切实发挥规模效应
2022年4月29日	新疆维吾尔自治区	《新疆维吾尔自治区公共机构节约能源资源“十四五”规划》	充分发挥市场机制作用，推行合同能源管理、合同节水管理，鼓励采用能源费用托管等合同能源管理服务模式，调动社会资本参与公共机构节能降碳
2022年6月2日	云南省	《云南省“十四五”节能减排综合工作实施方案》	推行合同能源管理，积极推广节能咨询、诊断、设计、融资、改造、托管等“一站式”综合服务模式
2022年8月15日	浙江省	《浙江省“十四五”节能减排综合工作方案》	开展公共机构既有建筑绿色改造、办公建筑需求响应绿色改造，鼓励采用合同能源管理、合同节水管理等市场化模式

三、合同能源管理技术通则

2020 年 3 月 31 日，国家标准《GB/T 24915—2020 合同能源管理技术通则》由中华人民共和国国家市场监督管理总局、中华人民共和国国家标准化管理委员会发布，通则的修订，结合了合同能源管理模式的现状和发展，厘清了合同能源管理、合同能源管理项目、能源基准、节能量等基本概念，将原来只有节能效益分享型合同模版，增加为节能效益分享型、节能量保证型和能源费用托管型三种合同模版，对节能服务公司和用能单位开展合同能源管理项目具有重要的指导意义。

第二章

公共机构合同能源管理项目市场开拓与实施

第一节　公共机构用能分析

一、公共机构用能现状

根据《“十四五”公共机构节约能源资源工作规划》，2020年，全国公共机构约158.6万家，能源消费总量1.64亿t标准煤，用水总量106.97亿m^3；单位建筑面积能耗18.48kgce/m^2，人均综合能耗329.56kgce/人，人均用水量21.53m^3/人，与2015年相比分别下降了10.07%、11.11%和15.07%。同时，能源消费结构持续优化，电力、煤炭消费占比与2015年相比分别提升1.57%和下降5.17%。

随着节能减排工作的压力不断增大，我国既有公共建筑节能改造任务沉重，势在必行。在公共建筑领域进行合同能源管理的改造，已逐渐成为世界各国的发展主流。我国在这些方面起步较晚，相对发达国家仍有较大的发展空间。“十三五”期间，我国新建建筑和居住建筑的节能工作取得了显著成效。相比之下，已建成并投入使用的建筑的节能工作推进相对缓慢。

二、公共机构用能分析

（一）政府机构

1. 用能特点

（1）政府办公建筑通常是一个国家能耗的最大使用者之一，也是能源产品的重要消费者。

（2）政府办公建筑运营经费由公共财政支出，如不合理使用，会影响政府公信力，造成不良的社会影响。

（3）政府办公建筑节能对于节能减排具有示范效应，能有效带动其他用能单位效仿。

（4）政府办公建筑运行时间、人员构成，相对于其他建筑类型相对固定，便于使用定额管理进行管理。政府办公建筑耗能巨大，如果能有效控制政府办公建筑的能耗，节约能耗就显得非常重要和有意义。

2. 存在问题

（1）政策考核。“十三五”“十四五“期间，国家及地方发布了各类的公共机构能源资源消耗考核标准，也大力推行公共机构节能示范范围和能效领跑者单位等创建的一系列政策与措施，但相对缺乏标准与规范，以编制文件完成相应考核，缺乏落实节能降碳的具体举措。

（2）思想意识。公共机构能源消耗管理未能有效执行，除了政策引导因素之外，主要还是用能单位尤其是领导对节能降碳重视度不够，少数单位还存在“说起来重要、做起来次要、忙起来不要”，不推不动，推也不动的现象，做不做节能改造无所谓等一系列滞后的思想意识，让能源管理工作难以有效积极地开展。

（3）管理队伍。大部分公共机构设置了能源管理岗位，对重点用能系统、设备的操作岗位，也配备技术人员。其重点都是保障用能的安全性，很少关注用能的合理性，导致大部分公共机构在管理节能方面存在巨大的问题。目前公共机构能源管理人员缺编，能源管理领导岗位的人员很多是兼任，专业知识难达到要求，管理队伍的“不稳不专”，造成公共机构综合能源管理水平难以提高。

（4）资金短缺。公共机构一方面面临政策绩效考核，另一方面面临节能资金缺乏，所以很多工作推进相对缓慢。根据现行专款专用的财政规定，一个节能项目从立项到方案论证再到申报、审批、招标、建设、验收、审计相对时间较长。而且申请获批的资金相对较少，导致很多项目没办法按设计方案一次建设，从而无法达到建设预期效果。

（5）能源物业。多数公共机构将物业外包，也制定了相应的能源使用规范与标准，但往往是落在了文件上，没有与物业公司落到实处。物业公司主要承担大型机电设施运行保障，在节能优化运行策略上关注较少。

（6）运营方式。公共机构运行管理模式较为传统，目前的管理几乎都是人工模式：场景化值守、定时巡检、无预警、被动抢修。重点设备设施和场景没有进行一体化智能管控，设备设施的运行数据手工记录多，采集频率低，数据未能互联互通和移动化管控。管理节能缺乏手段、技术节能缺乏工具，公共机构缺乏集安全保障、智慧运营、节能管控一体化的能源管理体系化建设规范。

（7）体系建设。从现状看，公共机构的能源管理重单项建设缺乏体系化规划：重建设不重运维，做节能改造却忽视运行维护；重硬件不重软件，采购好的硬件产品却忽视运行数据的分析；重单项不重体系，缺少能源管理体系来将节能改造项目进行系统融合；重技术不重管理，大部分公共机构只重视了技术节能，却忽略管理节能和理念节能的价值。

（二）医院

1. 用能特点

（1）能耗种类多且用量大。医院能源种类繁多，一般有冷、热、电、水、蒸汽、天然气及各类医用气体。其中，空调能耗（采暖、通风、空气调节）和供热能耗（热水、蒸汽）占有很大份额，并且比例还在逐年升高。医院用能时间长、用量大，除门诊办公区以外，大部分空间均是全天候处于使用的状态。除此之外，在过渡季节，在室外平均温度并未达到开始供暖的要求时，医院出于对医疗环境的舒适性考虑，不得不采用提前供暖、延期供暖和设置辅助热源的方式，以满足使用要求。

（2）安全性和可靠性要求高。医院具有人员密度大、用能系统复杂、医疗电气设备多、基础设备运行时间长、环境要求特殊等特点，因此，医院建筑能源安全和空气品质要求比其他公共建筑要求高，因而后勤保障工作要求高。

（3）用能负荷不均。医院业务科室和后勤办公部门的工作时间不一，常见部分负荷启动或局部能源供应的情况，因而“大马拉小车”现象普遍存在。

（4）能耗年增长率高。医疗设施节能空间非常有限，能耗年增长率非常高。医院每年自然能耗增长率达到3%～5%。其中，建筑维护结构老化，占比0.5%～1.4%；线缆老化升温，导致能耗增加，占比0.1%～0.2%；照明器具光效降低，占比0.5%～1.4%；管道保温破损，占比0.1%～0.4%；机电设备磨损，效率下降，占比0.7%～1.8%；就医环境要求提高，占比0.2%～0.8%。

2. 存在问题

（1）能源管理不到位，能耗去向不明。由于医院占地面积广，用能设备众多，能耗采集多数采用人工收集的方式，缺乏即时性和准确性。医院缺乏完善的能源信息统计工具，无法对能源数据进行统一采集、汇总、分析、存储；缺少支撑决策的数据库，能耗去向不明，无法做到国家要求的能耗分类分项计量和各部门的能耗指数及考核标准体系建设；缺乏考核指标，考核难以量化；能耗无数据，节能工作无法顺利展开；管理混乱，效率低下，成本支出逐年上升。

（2）用能存在安全隐患。由于医院的用能设备时刻都保持在高强度的运行状态，无法及时有效地监测各用电设备电压、电流、功率、功率因数、三相不平衡率、环境状态等参数，对用能数据或设备状态做不到预判断，往往是设备停止运行时才被发现，容易产生安全隐患，影响设备寿命，也影响医院的正常运行。

（3）缺乏对设备保养维护。在传统的设备运维中，数据监测停留在数据抄表、故障告警的被动阶段。在实际的生产环境中，状态监测采集到设备数据容量极大且类型复杂，靠人工运维对设备状态进行准确分析已经无法实现。无法确定哪些设备需要保养，大大缩短了设备寿命。

（4）医院设备不够智能化。医院整体缺少智能化的设备，无法满足集中管理和分散控制的需求，达不到对照明、锅炉、空调、除湿机等用电设备自动化智能控制，造成设备过度运行能耗浪费情景，能耗巨大，使用寿命减短，环境不够舒适。

（三）校园

1. 用能特点

（1）普遍存在能耗高情况。目前高校人均能耗是全国人均耗能的4倍以上，节约潜力巨大。高校作为教育基地，在技术、科研和人员等方面的优势巨大，通过相关研究，可以探索众多节能技术，为节约型校园的建设作出积极贡献。

高校校园中有教学楼、办公楼、宿舍楼、食堂、实验室等多样的建筑设施，涉及照明、暖通、电梯、教学设备、实验设备、生活热水等各类用能设备，电、热能、煤炭、天然气等多种能源，各类建筑设施用能特点差异很大，能耗具有复杂性和多样性。

（2）高校建筑能耗呈现出明显的季节性。由于高校一般放假时间为1月下旬到2月中旬和7月上旬到8月下旬，而1月是一年中的最冷月，7、8月是一年中的最热月。在假期期间，高校能耗明显下降。

（3）使用时间比较集中。教学楼的用能高峰一般是早上7点到晚上11点，其他时间闲置；行政办公建筑的用能高峰，一般是早上8点到下午6点。

2. 存在问题

（1）电力系统部分。部分老校区设计容量不足以满足校园发展的需要，需要增容。校园尚未建立全面的能源管理系统，计量体系不完善、数据统计不全面、智能化程度低。校园配电系统设备老化严重，智能化水平不高，大部分还是以人工为主的巡查巡检模式。能源形式较为单一，新能源占比低，屋顶资源较为丰富，有较大的开发空间。用能设备老旧，功耗高，如电灯、电梯、空调等，有较大的改进空间，但缺乏专业的运维管理人员。

（2）水系统部分。大部分校园人均用水远远超过国家标准规定的先进值45吨/人·年。管网老化严重，漏损率高。用水器具末端浪费严重，部分器具不符合国家标准，有较大的改进空间。计量体系不完善，缺乏专业的运维管理人员。

（3）暖通系统部分。校园的暖通系统种类较多，常见的有燃气锅炉、空气源热泵、地源热泵、污水源热泵、制冷机组等。此类系统投资大，改造难度大，校园往往缺乏相应的资金、缺乏专业的运维管理人员，系统运行寿命和效率达不到设计的预期效果。

（4）能源管理部分。数据不互通、管理负担日趋严重。随着校园信息化建设，各部门在不同时期分别建设了包含教务管理系统、校园一卡通、综合能源服务等在内有多套不同的应用，造成各系统缺乏统一账号、统一基础数据、统一用户数据等，给管理带来严重的负担。

第二节　公共机构市场开发

一、项目的市场开发思路

（一）提供差异化服务，创新商业模式

为提高客户满意度，满足客户的需求，合同能源管理项目须根据不同行业，不同企业的情况，采

取不同的分成比例，以符合客户实际情况。同时根据客户信誉、项目规模、以后合作的可能等方面进行评估分级，对不同级别的客户提供差异化增值服务内容。建立客户信息收集系统，信用评估系统，项目决策系统和信息反馈系统，制定科学的评估和约束机制。

通过对公共机构开展用能分析，准确掌握客户能源服务需求，细分客户类别。可因地制宜实施节能效益分享型、能源费用托管型、节能量保证型等商业模式，创新开展代缴+代维、代建+代维、区域打包、行业打包等托管模式。

（二）实施“互联网+”能源服务

应用能源服务信息化平台，结合设备代运维、用能托管等业务，掌握客户内部能效数据资源，开展多维度分析，深入挖掘数据价值，为客户提供用能监测、能效诊断等“互联网+”能源服务。

开发能效监控管理平台，通过能效监控管理平台为客户提供远程能源数据采集、能源监控，能效分析，降耗分析评估等服务，以及在此基础上满足企业能源管理、能效对标、能源规划的要求。同时可以为节能服务公司及客户提供全面、有效的节能量认定标准，提升客户服务体验。

（三）发挥政企协同作用

积极获取合同能源管理新政策，把握国家能源发展新形势。在当前国家“实践绿色发展观，改善生态环境，建设美好中国”的大环境下，寻找大客户的新增需求，适应市场形势，开发合同能源管理新模式，先一步适应政策需求，能极大地提高合同能源管理的推广效率。

紧紧抓住双碳目标机遇，加快布局公共机构市场，力争形成先发优势。主动对接地方公共机构主管部门，广泛开展踏勘服务，形成潜力项目库。加强与各地县（市、区）的沟通合作，通过签署战略协议的方式，明确合作意向。

（四）多样化的市场开发渠道建设

1. 队伍建设

为了增加客户便利性，根据合同能源管理特性，建立直销为主的市场开发渠道，同时加强终端营销网络建设，以便掌握客户需求。客户经理加强客户沟通，及时收集反馈信息，减少中间环节，有效稳定客户资源。对于新开拓的市场，由于潜力巨大，在加大终端开发的同时，积极发展中间商，扩大营销队伍，中间商辐射面广，对市场了解深入且关系密切，充分利用他们的现成市场开发渠道，扩大市场份额。

2. 产业联盟

合同能源管理涉及设备提供商、技术服务提供商、金融机构融资、施工单位安装等众多环节。上下游企业合作可以形成优势互补，分担昂贵的项目实施费用，减少风险，更有利于高层次的竞争。基于合同能源管理特点，竞合上下游企业关系，产业联盟应运而生，通过共生营销，形成全新的互惠合作模式。

3. 平台生态建设

将平台和生态两个概念结合起来，通过平台的搭建和生态的建设，实现更好的商业增长和价值创造。构建以平台为中心的生态圈，通过营销协作、运营协作、产品协作、内容协作等形式聚合多方力量，同时利用平台优势开展客户引流。

二、细分市场和客户的选择

制订市场开发决策时，了解客户需求是基础，“以市场需求为中心”是依据。为了准确了解客户需求，要建立科学市场调研体系、深入了解市场现状、准确掌握客户需求。摒弃简单的资料分析法，深入市场研究具体个体需求，系统、细致了解市场，把握需求特征、需求量及市场趋势、市场竞争环境，了解细分市场、细分区域等市场信息。

（一）合同能源管理细分市场

节能服务公司是商业性公司，节能服务公司利润的根本来源是节能效益，而追求利润最大化是公司的基本目标。因此，节能服务公司在市场细分时，可依据节能效益作为细分市场的依据，在市场细分时关注以下行业或企业：高耗能行业，对节能重视的行业和企业，能源利用率低企业，设备能耗高的企业，总体经营状况良好、稳定、发展潜力大的行业，以可复制性项目为主的企业，预算稳定的机关事业单位等。同任何一个市场一样，节能市场也是复杂多变的，节能服务公司应根据节能市场的变化，相应地调整自己的目标市场。公共机构由于其经营管理特点和用能特点，是实施合同能源管理项目开发过程中非常值得关注的对象。

（二）市场开发策略

1. 信息调查，深度分析

客户调查是指客户基本数据的收集和分类，以及从定性角度对客户业务风险和财务风险的综合分析和判断。客户调查工作的主要内容包括：访问客户、现场检查营业场所和运营设施的状态、调查和了解客户业务管理和财务状况、收集财务报表和信息。同时，通过其他渠道了解客户的信誉状况、客户产品、市场等商业信息。项目开发人员必须彻底了解收集并获得足以确认客户的相关证据，以确保客户信息的真实性，准确性和完整性，深入探索和充分披露客户的风险状况。

2. 准确定位，调整结构

在市场深度调查基础上，深入掌握合同能源管理市场特点，把握目标客户需求，制定科学的节能产品策略。根据客户需求，结合市场信息，调整节能技术研究方向，开发市场需求广、应用前景大的节能技术及产品。同时，通过开发针对性的产品可有效满足客户需求，进一步扩大客户群。

3. 项目规模预测

根据目标规模、行业地位、主营业务、历史发展情况、设备现状等方面对目标企业进行分析，预测客户其他合同能源管理需求，做好沟通服务工作，提高合作的可能性。

（三）客户的选择

对于公共机构而言，合同能源管理的能耗基准一旦确定，项目合同期内全部节能压力将主要转移至节能服务公司。合同能源管理特别是能源托管的用户，优先选择对能效提升需求先于对能源费用降低需求的公共机构，则较容易实现通过能源托管模式，达到客户与节能公司双赢的目的。

其他公共建筑中，对能源费用降低先于能效提升需求，且对用能舒适度要求较高的商业综合体、酒店等，适宜通过单价用量方式开展能源托管。托管范围应尽量与改造范围匹配，不宜采用整体托管方式实施，以有利于合同执行。

对于入住时间不长、入住率不高或人员部门波动较大的公共建筑，由于能耗上涨风险不可控，因此并不适宜采用能源托管模式。针对该类建筑，可采用工程承包、技术服务的方式实施单项工程或服务，也可采用效益分享型合同能源管理模式实施单项节能改造。

在选择客户时，对用户体量一般没有硬性要求。但能源托管项目的主要收益来自节能，所以从投资类项目管理的角度出发，建议优先选择建筑面积大（5000 平方米以上）、用能量较高（年用电量 100 万千瓦时以上）的建筑作为目标客户。

（四）潜力客户挖掘

根据功能的不同，公共机构主要分为学校用户、医院用户、商场用户、办公楼用户、商业综合体用户等。根据不同用户类别可针对性地开展潜力客户需求挖掘调研。

客户调研的一般操作流程如图 2－1 所示。

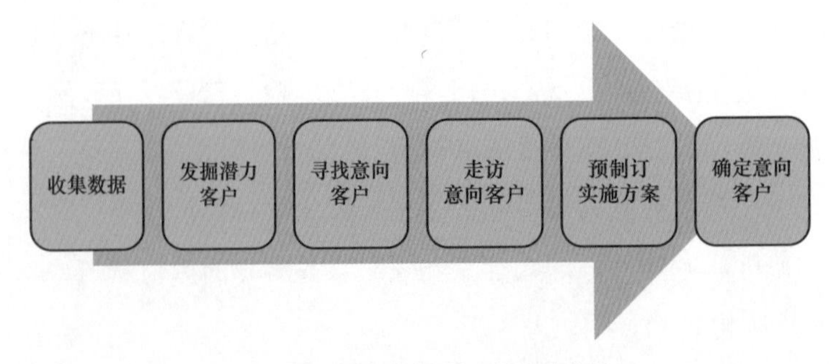

图 2－1　客户调研一般流程图

1. 收集数据

制订相关工作细节和宣传材料，向基层工作人员作相关业务培训。信息获取方式有客户上门咨询、走访调研、政府普查等。依托大数据平台，收集并整合数据。

2. 发掘潜力客户

对所收集整合的数据进行分析，并根据公共机构分类进行数据归纳总结。并依次锁定潜力客户。

3. 寻找意向客户

客户经理开展合同能源管理项目推广时，可以以电力运维、能效监测、供电业务扩展、增加配电容量、需求响应等业务为切入点，寻找本地区意向性客户。

4. 走访意向客户

针对意向性客户重点走访，调研能源管理相关数据（供冷暖相关需求，现有供冷暖系统及存在问题），填写信息收集表。

5. 预制订实施方案

根据收集信息，依托合作单位预制订实施方案，并从经济效益、社会效益、环保效益等方面凸显项目的优势。

6. 确定意向客户

对意向性客户引导推介，确定客户意向。配合用户制订能源管理方案，并推动项目落地与实施。

（五）实施方案模板

实施方案模板如下。

1. 合同能源管理项目方案模板（外部交流版）

一、项目介绍

包括项目名称、地理位置、建筑面积、人员数量等。

二、目前用能系统配置及运行状况

包括用电用水情况统计、水电设施维修及管理、照明设备及使用情况、空调设备及使用情况、配电情况、用水情况、能源管理控制系统及其他。

三、目前用能系统运行中的节能潜力分析

包括照明系统节能、空调系统节能改造、配电设施节能改造、供用水系统节水改造等。

四、综合能效方案措施

包括能源综合管理平台建设、新能源开发利用等项目（分布式光伏发电、电动汽车充电设施建设等）。

五、节能量计算和能源基准值的设置

包括节能量计算依据、节能量计算方法、节电率计算等。

六、节能效益综合分析

包括项目经济效益及社会效益。

2. 合同能源管理项目方案模板（内部汇报版）

一、初步节能方案

包括项目内容及项目实施方案。

二、合作模式

包括项目运作模式。

三、项目经济性分析

包括项目投资及收益，节能服务公司投入和收益、用能企业投入和收益、政府节能补贴收益[按效益分享比例 90%～99%（含运营费、不含运营费）进行投资收益分析]。

四、风险防范

包括技术风险及商务风险。

五、项目运行与维护

包括各改造项目、综合能效项目运行及维护。

六、节能工程实施

包括工程实施保障、节能技改流程及施工计划表等。

三、项目开发的一般步骤

公共机构合同能源管理的基本流程包括前期的现场踏勘收资、中期的节能方案制订和合同谈判以及后期的节能改造及运营管理。整体业务流程如图 2－2 所示。

（一）现场踏勘收资

1. 客户信息收集

对所需节能的建筑进行基本情况的收集包含有：总建筑面积、建筑内部结构、建筑墙体结构、建筑用途、空调面积、建筑顶标高度、建筑层高、楼层数及人员数等。该信息的收集为节能改造提供硬件和软件支持，如改造设备的存放地点的选择、根据建筑的用途对特殊楼层进行处理等。

2. 设备信息收集

收集包括空调系统、配电系统、照明系统、电梯系统、排风系统、给排水系统、厨房炊事系统等设备配置情况及能耗基本情况（见表 2－1），对于已部署能源监测系统的用户，可利用现有系统。

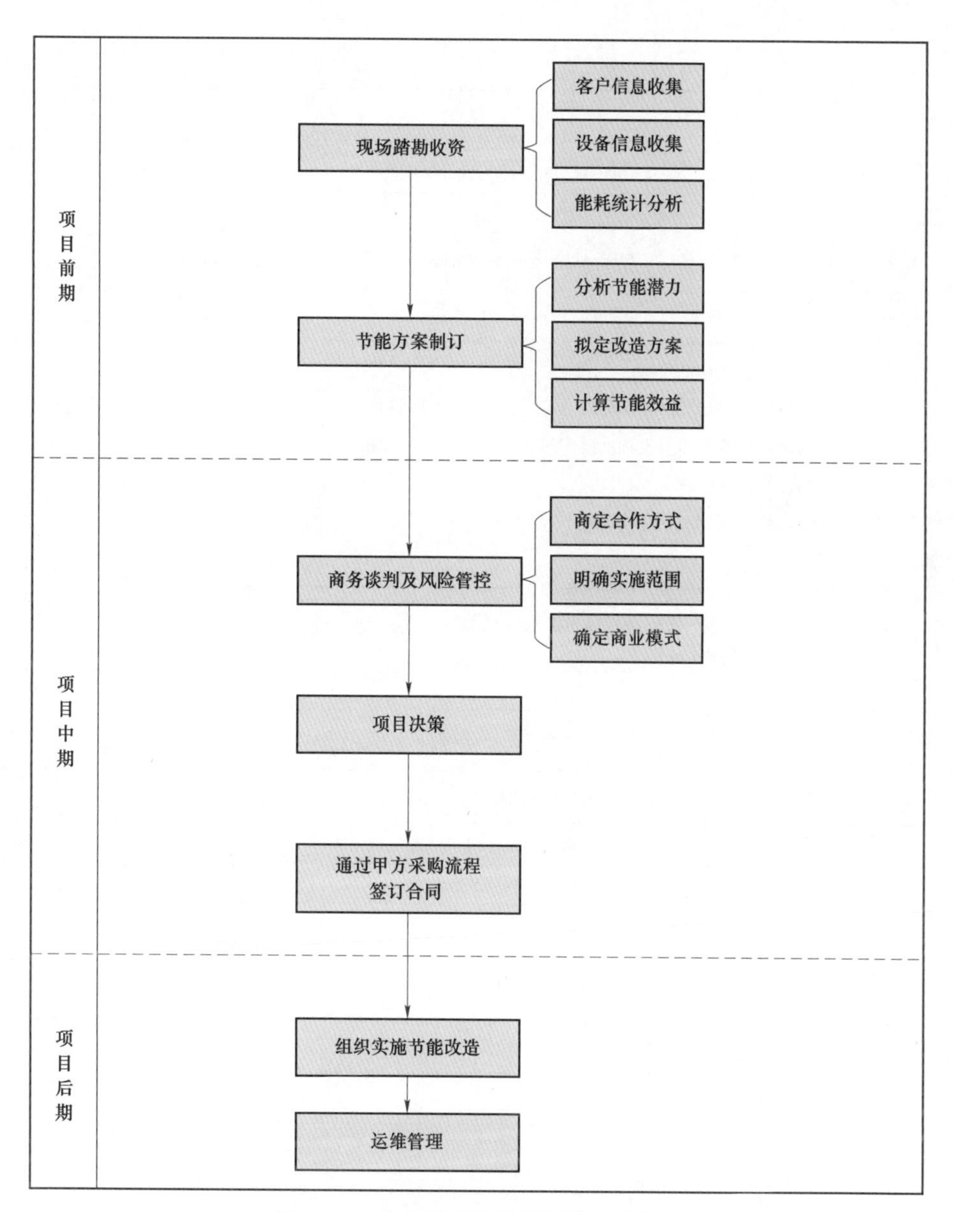

图 2－2　公共机构合同能源管理流程图

表 2－1　　建筑用能设备信息表

能源消耗种类：□电　□燃气　□蒸汽　□其他_____
用电系统分类（注明大致占比）： □空调系统_____　□照明系统_____　□电梯系统_____　□办公设备_____ □动力设备_____　□数据机房_____　□食堂及其他（请注明）_____
用气系统分类（注明大致占比）： □采暖系统_____　□生活热水系统_____　□食堂_____　□其他（请注明）_____
用蒸汽系统分类（注明大致占比）： □采暖系统_____　□生活热水系统_____　□食堂_____　□其他（请注明）_____

续表

1. 空调末端系统

空调设定温度：供冷______℃，供热______℃；特殊区域：供冷______℃，供热______℃

空调系统形式：
□集中式全空气系统；□风机盘管＋新风系统；□分体式空调或多联机等分散式系统；□其他（请注明）：______________

2. 冷热源设备（可多选）

□水冷式机组（□离心式、□螺杆式、□其他______________）
□空气源热泵机组　□水源热泵机组　□地源（土壤源）热泵机组　□水环热泵机组
□直燃型溴化锂吸收式机组　□蒸汽型溴化锂吸收式机组□热水型溴化锂吸收式机组
□分体式空调或多联机等分散式空调机组
□电锅炉　□燃油锅炉　□燃气锅炉　□市政蒸汽或热水　□太阳能热水器
□其他（请注明）：______________________

制冷/制热负荷（总）：____________【注：冷热源设备可分别填写】
设备台数：______________________电功率：____________________
厂家/型号：____
平均运行时间：每年____月，工作日每天_____小时，周末每天_____小时

主要设备统计（含制冷及热泵主机、锅炉、水泵、冷却塔、换热器等）：

设备名称	供能区域	供能面积	主要性能参数	数量	年限	品牌

【注：另需收集主要系统设备详细运行记录，并提供机房系统原理图、平面布置图】

3. 照明系统（可多选）

室内区域：
灯具类型（注明灯具比例）：□白炽灯_____　□普通荧光灯____　□细管型荧光灯____□紧凑型荧光灯____　□钠灯____　□汞灯____　□金属卤化物灯___　□LED_____
镇流器类型：□普通电感镇流器　□节能电感镇流器　□电子镇流器

室外区域：
灯具类型：□白炽灯　□荧光灯　□钠灯　□汞灯　□金属卤化物灯　□LED 灯
镇流器类型：□普通电感镇流器　□节能电感镇流器　□电子镇流器

主要设备统计：

照明区域	区域面积（m^2）	灯具类型	照明灯具数量	总功率（W）	年开启天数（d）	日平均开启时间（h）	调节方式

续表

4. 电梯系统

类别	台数	功率（kW）	平均日运行时间（h）	控制方式
自动扶梯				
升降客梯				

5. 室内办公设备

类别	台数	额定功率（W）	总功率（kW）	全天开启时间（h）
台式电脑				
打印机				
复印机				
传真机				
笔记本电脑				
其他（请注明）				

6. 饮用热水系统

热水来源：__________每天用热水量：__________热水温度：__________℃。

电热水器：________台，单台功率：________kW，全年运行时间：________h。

电开水炉台数：____台，单台功率：________kW，全年运行时间：________h。

7. 动力系统设备

设备	种类	台数	额定功率（kW）	总功率（kW）	流量（m^3/h）	扬程（m）	全年开启时间（h）
水泵	生活给水泵						
	热水泵						
	消防给水泵						
	污水泵						
风机	加压送风机						
	排烟风机						
	卫生间排气扇						

8. 厨房设备

设备	台数	额定功率（kW）	总功率（kW）	流量（m^3/h）	扬程（m）	全年开启时间（h）
洗碗机						
微波炉						
冷藏箱						
排气罩						
设备	台数	燃料形式	燃料消耗量 kg/h（或 m^3/h）			全年开启时间 h
炉子						

续表

9. 网络机房或通信机房 面积：____m^2。总功率：______kW。
10. 配电系统 配电变压器：______台，功率：________kW，年运行时间：______h。

出线编号	馈线回路	功率

11. 特殊用能及其他用能说明（请详细填写）

3. 能耗统计分析

通过现场调研了解建筑内目前运行管理基本情况与特点、物业管理与能源费用支付方式、用电计量系统运行状况及能源系统运行管理体制。建筑能耗费用包括项目能源资源费用及用能系统运维服务费用两部分，能源资源费用包括建筑消耗的水电气及供暖费等，用能系统运维服务费用包括用能设备租赁费、日常运行维护费、保养维修费及相关物业管理费、管理人员人工费等。如表 2-2 所示。

表 2-2 建筑能耗数据信息表

1. 统计年度：______年 【注：应填写近 3 年以上能耗数据】

2. 统计数据种类：□用量 □费用 □单价 【注：下表仅填写统计数据，不填写计算数据】

3. 统计区域：□建筑总体 □部分区域（请注明）___________【如有分表计量，则按照分表数据、分区域填写数据】

能源种类	统计数据	1月	2月	3月	4月	5月	6月	7月	8月	9月	10月	11月	12月
电	用电量（kWh）												
	用电费用（元）												
	用电单价（元/kWh）												
水	用水量（m^3）												
	用水费用（元）												
	用水单价（元/m^3）												
天然气	天然气用量（m^3）												
	天然气费用（元）												
	天然气单价（元/m^3）												
市政蒸汽	蒸汽用量（t）												
	蒸汽费用（元）												
	蒸汽单价（元/t）												

（二）节能方案制订

在上述信息获得的基础上，指出建筑能耗的重点环节，设计能效提升方案、挖掘节能潜力，并根据节能量和改造成本计算项目回收期。

（三）商务谈判及风险管控

对建筑进行能源审计确定公共机构能耗基准，与用户商定合同能源管理项目合作方式、实施范围、商业模式等，以及边界条件、费用、支付方式等，编制项目内部可行性研究报告，并协助用户进行项目内部流程办理，配合完成项目招投标流程。

能源审计可委托第三方机构进行，审计中需明确建筑合同能源管理的边界条件，包括现有建筑用能范围、用能设备清单统计、设备运行现状及运行策略等。

（四）节能改造及运维管理

签订项目合同，对公共机构实施节能改造及节能运行管理，提供节能服务技术，组建专业技术团队对公共机构用能设备进行科学运维管理。

四、项目决策流程

找准刚需目标客户，找对项目决策人和项目对接沟通人，精准推介。一般公共机构合同能源管理项目，包括政府机关、医院、学校等，涉及百万以上的大额度资金投资，属于公共机构“三重一大”的决策范围。因此需严格遵行“三重一大”决策制度，即“重大事项决策、重要干部任免、重要项目安排、大额度资金的使用，必须经过集体讨论做出决定”的制度。

公共机构合同能源管理项目以公共机构“三重一大”决策程序为工作推进的重要指引。第一阶段是配合公共机构后勤管理部门或有关单位完成项目收资，可研方案编制和上会材料准备的工作。第二阶段是影响和推动能源管理项目进入“三重一大”的决策事项中。第三阶段是项目决策。第四阶段是项目启动和招标阶段，重点工作是招标文件中评标办法决定过程的策划工作。第五阶段是项目中标公示和实施阶段，整个公共机构合同能源管理项目的全流程时间一般在两个月到半年不等。

（一）政府机关隶属及项目决策流程

1. 隶属部门

地市级及以上政府机关单位能源资源消耗项目一般隶属机关事务管理局（服务中心）管理，主要由节能处负责实施；部分县级及以下政府机关单位能源资源项目一般隶属政府办公室管理，主要由政府办公室负责实施。

2. 决策流程

（1）立项申请。节能服务公司协助节能处或政府办向机关事务管理局（服务中心）或政府办申请能源费用托管项目立项。

（2）方案编制。节能处或政府办委托第三方节能服务公司编制能源费用托管项目服务方案。

（3）首次论证。首次方案论证由节能服务公司与节能处和政府办达成能源托管基准、托管年限、投资额度等关键指标共识。

（4）二次论证。在确定关键指标后，节能处或政府办邀请政府相关部门（财务、基建、纪检、专家等）参与评审并形成一致意见书。

（5）上报审批。根据形成的一致意见书上报主管部门或领导审批。

（二）医院组织架构及项目决策流程

（1）项目请示。对医院能源现状及诉求进行分析，拟计划走能源服务的模式，对项目建设的必要性及价值进行说明，初步确定项目拟推进计划（方案征集环节），由院党委会确定后可进行方案征集环节。

（2）方案征集。应面向社会发出项目公告，邀请多家单位进行现场踏勘、方案编写、方案汇报等事宜，汇报完成后应在医院内部进行方案评审，形成“三重一大”事项申请表，含调研结果、厂家方案、初步建议方案及项目实施计划。

（3）提出议题。拟提交讨论研究决策的能源服务项目方案，一般应形成两个以上可供比较的方案。决策方案一般应进行专家认证、技术咨询、决策评估。方案经过院长办公室审定后，列入会议议程。议题需由院长或分管部门工作的领导班子成员提出，一般是分管总务的业务副院长。

（4）准备材料。对列入会议议程的事项，应有规范齐全的讨论材料。必须要有专业单位出具的可行性研究方案。

（5）提前通知。会议召开的时间，议题应当提前 2～3 天通知与会人员。

（6）召开会议。讨论决定事项时，分管此事项工作的领导成员必须到会。班子成员应对决策建议逐个明确（同意，不同意或缓议），同时说明理由。

（7）进行表决。作为决定，会议必须按照少数服从多数的原则，根据表决意见形成会议决定。赞成票数超过应到会领导班子成员的半数为通过，未到会班子成员的书面意见不计入票数。

（8）形成会议纪要。医院能源管理项目在上完决策会并决定实施后，开始进入项目启动和招标阶段，此阶段涉及的核心是招标、评标的有关细节。重点关注招标范围、招标时间、招标方式和评标办法。评标办法的确定过程是影响项目成败的关键，需要深入思考和研究。

（三）校园组织架构及项目决策流程

1. 隶属部门

校园的组织架构一般分为两类。

（1）行政性组织机构，校园的组织机构是为完成教育教学任务，维持校园的正常运转而设立的。其形式为校长办公室、教导（务）处、政教处、总务处等。各部门有各部门的职责。

（2）非行政性组织机构，是为配合、监督、保证校园的各项活动而设立的。一般包括党群团组织和各种研究性团体。

在校园能源项目开发中，涉及校园的资产、能源、物业、基建等方面的工作。所以与校方的对接窗口一般是在行政性组织机构当中。而与用能相关的业务一般是总务处负责。校园总务处主要负责领域是财务、总务、基建、校产管理、综合服务、卫生等。通过与总务处工作接洽，引导启动项目的正常评估，决策流程。

2. 决策流程

（1）提出议题。拟研究决策的“项目综合能源服务项目方案”，一般应形成两个以上可供比较的方案。决策方案一般应进行专家认证、技术咨询、决策评估。方案经校长室审定后，列入会议议程。

（2）确定议题。议题需由校长或分管部门工作的领导班子成员提出。一般是分管总务的副校长。

（3）准备材料。对列入会议议程的事项，应有规范齐全的讨论材料。必须要有专业单位出具的可行性研究方案。

（4）提前通知。会议召开的时间，议题，应当提前 2～3 天通知与会人员。

（5）召开会议。讨论决定事项时，分管此事项工作的领导成员必须到会。班子成员应对决策建议逐个明确（同意，不同意或缓议），同时说明理由。

（6）进行表决。作为决定，会议必须按照少数服从多数的原则，根据表决意见形成会议决定。赞成票数超过应到会领导班子成员的半数为通过，未到会班子成员的书面意见不计入票数。

（7）形成会议纪要。校园综合能源服务项目在上完决策会并决定实施后，开始进入项目启动和招标阶段，重点关注招标范围，招标时间，招标方式和评标办法，需要深入思考和策划。

五、项目可行性研究报告的编写

项目可行性研究报告主要是通过对项目的主要内容和配套条件，如市场需求、资源供应、建设规模、工艺路线、设备选型、环境影响、资金筹措、盈利能力等内容，从技术、经济、工程等方面进行调查研究和分析，并对项目建成以后可能取得的财务、经济效益及社会影响进行预测，从而提出该项目是否值得投资和如何进行建设的咨询意见，为项目决策提供支撑的一种综合性的分析方法。

可行性研究报告是确定合同能源管理项目前具有决定性意义的工作，是在投资决策之前对项目进行全面技术经济分析论证的科学方法，可行性研究报告的主要要求如下：

（1）可行性研究报告应做到内容齐全，结论明确，数据准确，论据充分，以满足决策者定方案定项目的需要；

（2）项目的规划和政策背景，要求论证全面，结论可靠；

（3）市场容量及竞争力分析，要求调查充分，分析方法适当，预测可信；

（4）报告中选用的主要设备的规格、参数应该满足预订货的要求，引进的技术设备的资料应该满足合同谈判的要求；

（5）报告中确定的主要工程技术数据，应该能满足项目初步设计的要求；

（6）报告对建设投资和生产成本应该进行分项详细估算，其误差应该控制在±10%以内；

（7）报告中确定的融资方案，应该可以满足银行等金融信贷机构决策的需要；

（8）报告中应该反映在可行性研究过程中出现的某些方案的重大分歧及未被采纳的理由，以供决策者权衡利弊进行最终决策。

可行性研究报告需要着重阐述的内容就是报告的正文部分所要体现的内容。它是结论和建议赖以产生的基础。要求以全面、系统的分析为主要方法，经济效益为核心，围绕影响项目的各种因素，运用大量的数据资料论证拟建项目是否可行。当项目的可行性研究完成了所有系统的分析之后，应对整个可行性研究提出综合分析评价，指出优缺点和建议。为了结论的需要，往往还需要加上一些附件，如试验数据、论证材料、计算图表、附图等，以增强可行性报告的说服力。

六、项目合同编写的注意事项

（一）合同撰写应关注的问题

合同能源管理的合同是一个复杂的法律文件，包括对项目范围的定义、项目内容、施工和验收、节能量测量和验证方法、节能量分享方法、执行合同的条款和条件以及大量通用的法律条款。2010 年 8 月 9 日，国家质量监督检验检疫总局、国家标准化管理委员会联合发布了国家标准《GB/T 24915—2010 合同能源管理技术通则》（简称《通则》）。《通则》规定了合同能源管理的术语和定义、技术要求和参考合同文本。《通则》提供的参考文本是由相关方面的专家共同起草，并且两次与《通则》正文一起公开征求意见，在交易安排上适当平衡了合同当事人双方的利益，对节能服务公司和客户都具有参照意义，并且能够起到指引作用。

为方便合同能源管理项目合同双方开展项目，提高谈判效率，并考虑在中国实施合同能源管理项目合同环境特点，现将合同能源管理项目合同中双方通常最关心的八个关键问题总结如下。

1. 界定项目范围

合同能源管理项目合同是一项服务合同，而且通常在既有建筑基础上进行或需要与原有生产运营环境结合，对项目的范围做出清晰的界定是合同能源管理合同的首要问题。

项目范围定义主要包括项目的物理边界以及节能服务公司的服务内容。项目的物理边界需要明确节能改造的对象范围，暨用能空间、用能类型以及用能设备，如拟进行节能改造的具体建筑物、生产线、耗能设备等。节能服务公司的服务内容也需要做出清晰的界定，如设备明细、安装调试、运营管理、维护保养、人员培训等。界定项目范围不仅是技术问题和商务问题，也是法律问题。

项目范围是确定各方责任范围的法律依据。一些合同能源管理项目失败的重要原因就是项目边界不清，导致各方责任不明，项目实施过程中推诿扯皮，事后又互相指责。另外，一部分应客户的要求或约定，将节能服务公司负责的施工工程交给用能单位或其指定的主体施工的情况下，建议双方在合同中对这部分工程的责任加以明确，或者另行签订合同。

2. 项目进度安排

应根据项目的具体情况，将项目分解为若干阶段，如可行性研究阶段、安装调试阶段、试运行和验收阶段等，明确各阶段的完成时间，设定项目进度表。这里有三点需要注意。

（1）如项目涉及政府相关部门的审批，安排项目进度时，应将相关政府部分的审批时间考虑进去；

（2）一些项目需要特定时间来施工，如某些工业节能项目，用能单位要求节能改造不能影响设备运行，因而施工只能在设备停运时段进行，或在设备检修期或夜间，而学校的改造项目可能会要求在假期施工，这种情况可能对实际完成项目的日期影响很大，在确定工期进度时需要充分考虑；

（3）项目进度表的时间安排还要考虑政府主管部门对用能单位下达的或用能单位承诺的完成节能指标的时间要求，而且要与效益分享期或节能量保证期的约定相协调。

3. 项目验收

项目验收的最终目的在于检验合同能源管理项目实施后，设备运行效果不低于合同约定的设备性能指标（指能源消耗以外的指标）。合同能源管理项目的验收通常并不是一次验收，而是分阶段验收，如设备到场验收、安装完毕验收、试运行验收、正式运行验收等。分阶段验收的好处是能够较好地控制项目质量。合同能源管理项目合同需要根据项目情况明确验收内容、验收程序和验收标准。

4. 节能量的计算与确认

能耗基准是指由用能单位和节能服务公司共同确认的，项目节能量是指：设想项目没有实施，在报告期的工况下，系统应该产生的能耗与项目实施后的实际能耗之差。节能量需经过计算才能得到，不可能通过直接测量得到。在合同中要根据新颁布的国家标准《节能量测量和验证技术通则》明确节能量的测量方法和验证程序。要特别注意的是，不要再以《节能量审核指南》计算节能量，因为该指南已不符合新的通则。以前节能服务公司与客户在合同能源管理项目的节能量发生争议，有相当一部分是因为按《指南》计算项目节能量而造成的。本书第三节将对节能量的测量与验证进行详细说明。

5. 一种双方都承担风险的简易的项目节能量确认方法

按《节能量测量和验证技术通则》计算项目节能量的难度较大，因此节能服务公司与客户有时候采用一种双方都有风险、但是简易的项目节能量确认方法：把双方确认的项目实施前的典型工况下的能源单耗（单位产品的能耗）作为基准，与在项目实施后在同样的典型工况下的单耗进行对比计算出该典型工况下的节能率。然后双方约定，今后任何时候的节能率都按典型工况下的节能率计算。这种节能量计算的简易方法可能带来“计算节能量”与实际节能量存在差异，有时候甚至是很大的差异。这种计算方法所造成的节能量失实就是节能服务公司和客户的风险。如果采用这样的约定，双方都承担了风险。如果双方都同意这种约定，必须在合同中明文约定：今后不再测量实际节能量，合同期内，客户按照合同相关条款支付给节能服务公司服务款。

6. 节能效益分享及支付

对于节能量分享型合同，要确定能源价格、双方分享节能收益的比例、支付的时间和方式。对于由政府财政拨款的单位，要考虑支付服务费的科目以及财政预算和拨款的时间。期限较长的合同，还应对能源价格的变化予以充分考虑。

7. 项目变更

在合同期限内项目发生变更是常有的情况，如项目建筑物的使用率、建筑物改建或进行装修、设备更新改造等，建议双方在合同中对可以预见的项目变更做出约定，以便在发生变更时双方有所遵循的条款。

8. 设备运行维护保养与维修

合同能源管理项目合同应明确约定节能设备安装后各方的设备运行维护保养和维修义务。这项约定应具体化，明确各自维护保养和维修的范围、方法、时间、费用负担等，还应该规定处理故障的方法。

（二）订立违约责任条款

合同中的违约责任条款既能督促合同双方在项目实施过程中各履其责，又能为双方利益提供保障措施并保留了追责依据，因此，订立违约责任条款是合同能源管理项目合同的一项重要内容。

1. 违约责任条款的作用和实务中存在的问题

合同书的作用之一就是把当事人双方的意愿以书面的形式呈现出来，从而作为双方履行义务、享有权利和确定责任的依据，违约责任条款则是针对未按约定履行义务时如何处理做出的约定。一般而言，明确约定违约责任的重要性主要体现在三个方面：一是在谈判和签约阶段，通过提出违约责任，促使双方全面准确估计一方未如约履行的后果，正确评价自己的履约能力，谨慎签约；二是因合同中有明确具体的违约责任约定，双方对违约的后果就会有明确的预期，在趋利避害的心理作用下，会促使当事人尽可能地依约履行合同；三是一旦发生违约，可以根据违约责任条款的约定采取补救措施，最大限度地维护合同的履行利益，是一项重要的风险控制措施。

合同能源管理项目是一种新的商务模式，不同于传统贸易或工程类项目，其项目边界条件较为复杂，影响合同执行或导致项目变化的因素也较多，这就需要节能服务公司和用能单位更加细致地在合同条款上下工夫。在制订合同时，明确完备的违约责任条款无疑有助于界定责任和主张权利。

在合同能源管理项目合同实务中关于违约责任的约定常见的三种情况：一是没有违约责任条款；二是约定过于笼统，例如有的合同仅约定“一方违约应承担违约责任”；三是约定不全，例如有的合同仅对一部分未按约定履行的情况约定了违约责任，而遗漏其他未按约定的情况。在合同未约定的情况下，可以适用合同法相关规定，即使合同未约定违约责任，也可以追究对方违约责任。但是，适用合同法关于违约责任的约定存在以下不利。

（1）如合同未约定违约金，则无法要求对方支付违约金，只能要求赔偿损失。要求赔偿损失则需要对损失的存在和损失的具体金额提供证据。

（2）如未约定赔偿损失的金额或损失计算方式，则按法律规定处理。关于赔偿的范围，合同法只有较为原则规定，这样的原则规定使得在追责过程中存在很大的不确定性。

2. 违约责任条款的构建

一般而言，违约责任至少应当明确以下两点：一是明确违约责任的界线，二是明确违约责任的承担方式及责任大小。第一点是界定违约范围，即明确是否需要承担责任的范围。第二点是界定违约要承担什么责任，如何承担。

明确违约责任的界线。原则上未按合同约定履行，都属于违约，但法定免责事由和约定免责事由除外。最主要的法定免责事由是不可抗力，在我国合同法上，不可抗力是指不能预见、不能避免并且不能克服的客观情况。合同法同时规定当事人迟延履行后发生不可抗力的，不能免除责任。通常免除责任的事由应该是一方所不能控制的情形，如合同能源管理项目中施工现场水电中断造成的工期拖延。

明确违约责任的承担方式及责任大小。这一部分要明确何种违约、承担怎样的违约责任。比如，迟延付款的违约责任约定为支付利息；迟延交货或延误工期，违约责任约定为支付违约金；质量瑕疵的违约责任约定为更换、维修或退货。违约责任条款还应具体约定违约金或违约损失的数额或计算方法，若仅约定“任何一方违约应承担违约责任”过于笼统，没有任何法律意义。法律规定的违约责任的承担方式如下。

（1）赔偿损失：实际履行或采取补救措施后，如果对方还有损失，应予以赔偿。

（2）支付违约金：当事人可以约定违约金，也可以约定损失赔偿额的计算方法，但违约金不得过高或过低。

（3）执行定金法则：关于定金的问题，应依据《中华人民共和国担保法》的具体规定执行；如果当事人同时约定有违约金和定金的，只能选择其一执行。

（4）其他责任方式：非违约方可根据标的性质及损失的大小，合理选择要求对方承担修理、更换、重作、退货、减价等违约责任。

（三）合同包含的附件

合同是节能服务公司实施合同能源管理的核心文件，合同附件是合同的一部分。合同附件通常说明合同内容的重要细节，与主合同具有同样的法律效力，对保障合同双方利益具有至关重要的作用。合同能源管理节能项目合同中重要附件主要包括：① 项目内容、边界条件、技术原理描述；② 能耗基准、项目节能目标预测和能源价格波动及调整方式（调价公式和所依据的物价指数及其发布机关）；③ 项目性能指标；④ 项目工程验收方法；⑤ 节能量测量和验证方案；⑥ 节能目标确认书，项目工程施工准入；⑦ 培训计划；⑧ 技术标准和规范；⑨ 项目财产清单；⑩ 项目所需其他设备、材料清单；⑪ 施工条件约定；⑫ 项目投资分担方案；⑬ 项目验收程序和标准；⑭ 设备操作和保养要求；⑮ 设备故障处理约定；⑯ 合同解除后项目财产的处理方式。

第三节　公共机构项目实施

一、项目实施程序

公共机构合同能源管理项目的实施主要包括能耗监测、方案设计、方案实施、项目验收、监测节能量、项目运营、效益分享、项目移交八个程序。

（一）能耗监测

根据合同能源管理特点，必须进行改前或实施前的能耗基准认定工作，通过开展能耗监测确定能耗“基准线”。能耗监测必须在更换现有耗能设备之前进行。

（二）方案设计

项目方案设计时应依据国家相应的设计规范进行设计，涉及特种设备的节能改造项目，其设计标准应符合规范。国家最新标准为 2022 年 4 月 1 日起实施的《建筑节能与可再生能源利用通用规范》，项目设计方案应参照执行。

（三）方案实施

通过与客户的详细沟通协商确定一致的意见，确认方案，按照合同约定进行现场作业。

（四）项目验收

现场作业完成后组织项目验收。确保所有合同约定的设备按预期目标完成试运行合格，验收程序依据相关工程项目验收标准或合同约定进行。为在实施项目中最大限度地分享项目产生的节能效益，对已经完成施工的项目，安排对客户人员进行管理、技术方面培训，确保合同期满后设备能够正常运行，保证能够持续获得节能效益。

（五）监测节能量

根据合同中规定的监测类型，完成需要进行的节能量监测工作。项目节能率的确认是衡量公司在该项目中可盈利性的标准，也是客户对项目认可与否的标准，因此对合同双方都是至关重要的，也是项目实施的关键，必须得到合同双方的共同确认。必要时委托第三方权威机构检测与验证。

（六）项目运营

按照合同约定，在项目合同期内，节能服务公司对所承担的项目开展运营，对所投入设备进行维护。通过实施各类能效提升的手段提高项目的节能量及其效益。

（七）效益分享

按照合同约定开展项目运营，按期收回项目投资额和应得的利润。

（八）项目移交

按合同约定，合同期满后，开展项目移交工作。

二、能效解决方案

合同能源管理工作中，开展能效提升首先对用户开展画像，再从技术、管理、理念三方面开展针对性的优化提升。

针对公共机构能源管理常见痛点，分别从物理属性和使用属性两个维度开展“画像”。当定义了能耗的物理属性和使用属性后，组合在一起，就可以得到“用能画像”模型。根据“用能画像”即可制订出精细化的能源管理方案。

（一）物理属性（静态属性）

能耗是被设备设施用掉的，这是物理属性。如看的见的空调、照明、电脑，平时看不见的冷热源机房、电梯机房、水泵房等机电设备。在外部条件相当的情况下，这些设备的每小时功耗基本恒定。

（二）使用属性（动态属性）

设备的使用和管理属性属于动态属性，不同的管理理念和管理方式会导致设备使用能耗差异较大。技术节能、管理节能、理念节能以构建的“用能画像”为驱动，进行各种控制和管理，与清洁能源供应、各类削峰填谷的储能技术，以及结合了 BIM（建筑信息模型）+EBAs（智能楼宇自控）的建筑绿色智慧运营一起，可以组成完整的以综合能源服务为依托的能源费用托管解决办法。

基于物理属性和试用属性，能效解决方案可以从三个方面开展工作。

1. 技术节能

用高能效设备替换低能效设备。比如 T8 灯管换成 LED，变频水泵的使用，更换同样制冷量的磁悬浮中央空调主机等。

2. 管理节能

用能属性基本固定的，可以采用自动控制技术实行自动关停。用能属性不完全固定的，可以采用模糊控制技术，根据室内外温度、水流水温通过模糊算法进行控制。用能属性完全不固定的，可以采用有条件自动控制技术。比如下班后根据预设的策略自动集中关闭，但允许使用者手动开启。任何时候都不能关停的设备，可以采用能源消费指标化管理的考核手段，引导具体使用部门根据实际情况，自行优化管理。

3. 理念节能

包括定期的宣传教育活动针对异常用能的定期公示，对选定的部门、区域或设备进行能耗定额管理，以及跟机电物业公司有效配合制订优化运行方案等。

三、节能量测量与验证

（一）概述

合同能源管理项目投资使用来自节能量，能源服务公司、设备销售商、项目开发商以及金融机构均需依靠其所实施或投资的技术和设备创造的节能量来取得投资收益。节能量的确认是衡量公司在该项目中可盈利性的标准，也是客户对项目认可与否的标准，因此对合同双方都是至关重要的，也是项目实施的关键，必须得到合同双方的共同确认，必要时委托第三方权威机构检测与验证。根据合同中规定的监测类型，完成需要进行的节能量监测工作。监测工作要求可能是间隔的、一次性的或是连续性的。

关于节能量测试工作，一般有以下常用基本概念。

- 节能量：指节能措施实施后，用能单位或用能设备、用能环节能源减少的数量。
- 基期：指项目实施节能措施前，用于确定改造项目能耗基准的时间段。
- 统计报告期：指用于确定改造项目节能量的实施节能措施后的时间段。
- 能耗基准：指基期内，用能单位或用能设备、环节的能源消耗数量。
- 校准后能耗基准：指统计报告期内，根据能耗基准及设定条件预测得到的、不采用节能措施时可能发生的能源消耗。
- 统计报告期能耗：指统计报告期内，用能单位或用能设备、环节的能源消耗数量。
- 项目边界：指确定项目节能措施影响的用能设备或系统的范围和地理位置界限。

（二）节能量测量与验证一般原则

节能量测量与验证是一个利用测量方法来证明能源管理项目在设施单位内达到时间节能量的过程。节能量不能直接测量，因为它们是通过减少能耗的形式表现出来的。节能量测量审核工作应遵循客观独立、公平公正、诚实守信、实事求是的原则，采用现场测量和数据统计相结合的审核方法。一般具有如下特点。

（1）精确度：节能测量报告应该尽可能的精确，并且要求节能量测量的成本与节能量的估值相比，是很小的一部分。

（2）完整度：节能量报告应考虑项目的所有影响，应以测量手段来量化显著影响，其余的影响可作估量。

（3）保留性：对不确定数据的判断，测量程序应对节能量作较保守的处理。

（4）相关性：对应节能量的确定，应该测量比较重要的影响参数，而估算参数。

项目节能量只限于通过技术改造、改进生产工艺、更换高效设备等方式，提高设备能源利用效率、降低能源利用效率、降低能源消耗等途径实现的能源节约，不包括扩大生产能力、调整产品结构等途径产生的节能效果。对除技术改造以外影响系统能源消耗的因素加以分析计算，并根据其影响大小相应地修正节能量。

项目实际使用能源应以用能单位实际购入能源的实测量为依据。对利用废弃能源资源的节能项目（如余热余压利用项目）的节能量，由最终转化形成的可用能源量确定。

（三）节能量测量与验证过程

改造后用能检测的测量设备应与改造前所用的在技术性能上是一致的。符合《GB 17167—2006 用能单位能源计量器具配备和管理通则》精度等级要求。改造后用能检测必须是在客户的生产、设备运行工况与改造前相近的条件下进行检测，用能环境条件不能和改造前有较大差异。环境条件的改变将直接导致用能状况的改变，必要时应进行技术修正，需得到双方的技术认可。

检测的范围应该是改造前相同的单元、环节或系统。检测结果能够直接或间接地计算出改造后的设备、环节或系统节能量。检测过程时间应和改造前的检测时间相同。检测依据 GB/T 2587、GB/T 3484、GB/T 15316 及相关标准执行。客户改造后用能检测时的用能品质、价格与改造前相比较不应该有影响节能量和节能利益的差异。

节能量的计算方法主要有以下 4 种。

1. 设备性能比较法

比较节能改造前后新旧设备的性能，结合设备的运行时间，即可简单地算出节能量。该方法适用于负荷输出较恒定、种类较单一的场合。常见的有照明灯具，对于负荷变化大的设备也有参考价值。

2. 能源消耗比较法

项目改造前后比较相同时间段的能源消耗，即可评价出节能效果。该方法适合于符合比较恒定、种类比较繁杂场合。例如星级宾馆、连锁商场，这类企业管理比较规范，全年的消耗与历年的变化不大。

3. 产品单耗比较法

客户的产值、产量等均与能源的消耗量有直接的关系，针对不同类型的客户，比较改造前后的单位能源消耗，即能计算出节能量。如商场的营业额、宾馆的入住率、工厂的工业总产值、产品的产量等。该方法适合于负荷变化较大、品种单一的用能场合。

4. 模拟分析法

建立改造前后两套计算机仿真系统，用计算机软件计算改造前后的能源消耗量，并结合实际测量数据校正计算结果。该方法可独立计量节能效益，也可作为上述三种方法的补充方案。

节能量的计算方法依据为《GB/T 13234—2018 用能单位节能量计算方法》《GB/T 2589—2020 综合能耗计算通则》《GB/T 28750—2012 节能量测量和验证技术通则》等。

四、能耗指标计算

（一）公共机构能耗指标定义和分类

公共机构综合能耗指公共机构在报告期内，将办公过程中实际消耗的各种能源实物量，按照规定的计算方法和单位分别折算后的总和。

公共机构分类应满足表 2－3 中一级分类的要求，可根据需要增加一级分类类型，但不宜减少；也可根据实际情况，对二级分类进行整合或细分。分类应涵盖所有公共机构。

表 2－3　　　　　　　　　　　公 共 机 构 分 类 表

一级分类	二级分类
党政机关和用能特点与党政机关类似的机构	可按行政层级或建筑面积大小进行划分
教育类机构	可按高等教育、中等教育、初等教育、学前教育、其他教育等进行划分，同时高等教育还可按综合、理工、财经等进行细分
卫生医疗类机构	可按综合医院、专科医院、基层医疗及其他医疗机构等进行划分，也可按三级、二级和一级进行划分
场馆类机构	可按科技场馆、文化场馆、体育场馆等进行划分
其他机构	各地区根据实际情况自行细化分类

（二）公共机构能耗指标选取

分气候区公共机构能耗定额见表 2－4。

表 2－4　　　　　　　　　　分气候区公共机构能耗定额指标

指标分类	严寒和寒冷地区	夏热冬冷、夏热冬暖地区
主要指标	单位建筑面积非供暖能耗	单位建筑面积能耗
	单位采暖建筑面积供暖能耗	
	人均综合能耗	
参考指标	常规用能系统单位建筑面积电耗	
	特殊用能相关指标（如数据中心机房 EUE 值）	

（1）单位建筑面积非供暖能耗。指公共机构运行过程中，一个自然年内，除供暖能耗和交通工具用能之外消耗的各种能源实物量，折算为标准煤的总和与建筑面积的比值。单位为 $kgce/m^2$。

（2）单位采暖建筑面积供暖能耗。指公共机构运行过程中，一个供暖期内，用于供暖消耗的能源实物量折算为标准煤的总和与采暖建筑面积的比值。单位为 $kgce/m^2$。

（3）单位建筑面积能耗。指公共机构运行过程中，一个自然年内，除交通工具用能之外消耗的各种能源实物量，折算为标准煤的总和与建筑面积的比值。单位为 $kgce/m^2$。

（4）人均综合能耗。指公共机构运行过程中，一个自然年内，消耗的各种能源实物量折算为标准煤的总和与用能人数的比值。单位为 kgce/p。

（5）常规用能系统单位建筑面积电耗。指公共机构运行过程中，一个自然年内，由照明插座、空调、动力等用能系统消耗的电量总和与建筑面积的比值。单位为 kWh/m^2。

（6）特殊用能。指公共机构运行过程中，数据中心机房、大型医疗设备、大型实验设备设施、洗衣房、游泳馆、专业用途设备等特殊用能系统的能耗。

（7）数据中心机房 EUE 值。能量利用效率 EUE 值用于反映数据中心实际运行时某一时间段内信息设备和直接服务基础设施能耗的相对关系，是衡量数据中心能效水平最重要的指标，EUE=数据中心总耗电量/IT 设备耗电量。

（8）不同种类能源统一折算标准煤的方法。电力与标准煤的折算按照当年本地区的供电煤耗法进行换算，化石能源与标准煤的折算按照当量热值法进行换算。能耗的分类方法和表示方法参考《GB/T 34913—2017 民用建筑能耗分类及表示方法》。

五、能源审计

（一）能源审计的概念

能源审计是指审计单位依据国家有关的节能法规和标准，对企业和其他用能单位能源利用的物理过程和财务过程进行的检验、核查和分析评价。能源审计是对用能单位的能源利用和损失的综合调查，也是对用能单位能源情况进行全面的审查、统计、计量、计策、计算和评审。它是审计单位按照国家的能源政策、能源法规、法令，各种能源标准、技术评价指标，并结合现场设备测试，对能源生产、转换和消费的整个物理过程和财务过程进行的检验、核查和分析评价。

（二）能源审计的内容

根据能源审计的目的和要求，可以选择部分内容或全部内容开展能源审计工作，包括：能源管理概况、用能概况及能源流程、能源计量及统计状况、能源消费指标计算分析、用能设备运行效率计算分析、综合能源消耗和单位能耗指标计算分析、能源成本指标计算分析、节能量计算、评审节能技改项目的财务和经济分析等。

（三）能源审计的基本方法

能源审计的基本方法是调查研究和分析比较，主要是运用资料收集、现场勘察、盘存查账、能耗分析等手段。

1. 资料收集

资料收集是能源审计的基础性工作。资料收集越多越准确可以有效地缩短后续工作。通常资料收集需了解以下信息：主要用能管理部门、能耗计量现状、能源消耗状况、主要用能设备、主要用能环节、以及存在的主要用能问题。资料收集是保障能源审计顺利实施，初步了解能源审计对象的能耗现状和主要用能，初步判断重点能耗的环节。

2. 现场勘察

现场勘察的主要目的是核实已经收集的资料，并对资料不清楚的信息或缺失的信息进行补充。通常现场勘察的主要方法是：与节能主管部门进行沟通，了解审计对象的用能现状和趋势，拟采取的节能措施；与专业技术负责人进行沟通，了解不同用能环节的用能特点、存在的困难和节能建议；与普通职工进行沟通，了解本单位用能管理的现状和节能建议；在此基础上，现场勘察不同用能设备及其使用状况，发现使用过程中存在的问题。在现场勘察前需要设计勘察表格，明确勘察的内容和勘察手段。

3. 盘存查账

与财务部门沟通，了解本单位的主要用能设备，以及历年能源费用收支状况。与运行人员进行沟通，收集主要用能设备的运行记录。

4. 能耗分析

在资料收集和现场勘察的基础上，对用能单位的水、电、气、热、油、煤等能耗数据、主要用能环节和主要用能设备进行能耗分析，并进行同行业指标进行比较分析，初步分析节能潜力。

（四）能源审计注意事项

由发展需求引发的能耗增长属于正常现象，增长与节能冲抵将致使能耗账单不节能，因此通过能源审计定义好用能边界是保证项目成功的必要条件，能源审计报告是合同不可分割的组成部分。必须界定清楚用能设备数量、用能人数、用能面积、设备运行管理标准等核心要素，合同应约定当任何一方对用能边界变化产生异议，可执行能源审计，并对标初次能源审计报告，差异部分，甲方双方通过补充协议增减托管费用。

第三章

公共机构合同能源管理项目技术应用

第一节　综合能效服务技术

一、空调节能改造技术

（一）中央空调改造技术

1. 中央空调改造工作原理

采用变流量智能控制系统可实现水泵变频与机组结合进行整体寻优控制。原空调水系统均为一次泵定流量系统，可升级改造为一次泵变流量控制系统。为循环水泵加装变频器，综合优化节能控制系统算法，跟踪机组、循环水泵的性能曲线，对每台设备采用主动式控制和整个机组设备的集成控制，实现整个中央空调系统综合能耗最低的目标。

空调机组的耗能主要设备为空调主机、循环水泵，机组的综合能耗由每个单体设备的能耗累加而成，但是每个单体设备的能耗又受到多种因素的影响。在具体的控制策略中，首先根据空调机组各设备的特性建立各自的能耗数学模型，在此基础上建立整个空调机组的能量平衡数学模型及能耗数学模型。节能优化系统以空调机组设备数学模型为基础、以整个空调系统效率最高为目标，实现多维、主动寻优节能控制。

在系统运行时，智能控制主处理器以一定的时间步长测量制冷负荷的实时值及其他参数（例如温度、压力、室外工况、流量等），并据此进行各能耗数学模型的联合计算，从成百上千种运行组合方式中，找出能够满足此制冷负荷、且整个空调系统总能耗最低（即整体效率最高）的工作状态。在此基础上，智能控制器确定各受控变量的目标值，并将之传送到对应设备的智能主站中，再由智能主站控制各台设备运行，使整个空调系统运行在效率最高的状态下，从而以强大的数据库背景和完善的数学模型来实现系统节能控制。

2. 中央空调改造节能措施

目前，中央空调冷热源机房容量偏大，单台机组的平均负荷率一般在60%左右。作为系统耗能最大的部分，对其进行改造节能潜力巨大。通过对原系统加装中央空调能效管控系统，实现以下节能策略。

（1）通过负荷预测，智能管理空调主机的开机台数、负荷率、出水温度等，使需冷量和供冷量实现最佳匹配；主机最佳能效比工作点控制策略，最大限度节省主机能耗。

（2）循环水泵根据全年空调负荷变化，采取变流量控制，在保障末端冷量和主机最小流量的前提下，使循环水泵最大限度地节能。

（3）实时采集系统供冷量，各设备能耗，计算并实时显示主机、循环水泵、末端环路等的能效比曲线，自动诊断各个环路的效率水平，持续优化。

（4）建立一套空调系统能源管理平台，对空调各设备进行分项计量，并实现用电数据的自动抄表，能耗统计，历史同比、环比分析等功能，新系统支持无人值守，手机远程管理空调，报警等功能。

3. 中央空调改造节能空间

（1）主机容量的富裕。在系统设计时，建筑物空调系统主机容量，是以最大冷（热）负荷的1.1～1.5 倍决定的，而最大冷（热）负荷一般是按照当地气象资料的极端气温条件、最大运行负荷综合确定的，这种设计容量的富裕是不可避免的，但在使用时，如果不根据实际情况做调节运行，势必造成巨大的能源浪费。

（2）水系统容量的富裕。中央空调系统水系统，是依照最大冷（热）负荷、管网的最长环路、最大阻力再乘以一定的安全系数，并按固定的循环水温度差来设计的，循环水水泵按最大流量选定额定功率。一旦水泵启动运转，则不管实际需要流量的大小，始终在 50Hz 工频上满载工作。这就造成多数时间水系统在大流量、小温差的工况下运行。不仅浪费电能，加快水泵的机械磨损，还因为一部分水泵耗能以热量形式耗散在水系统中，加重了主机的负荷。

（3）空调负荷的时变性。空调系统的实际负荷，即末端装置对冷/热量的需求，与季节交替、气温变化、昼夜轮回、客流变动等诸多因素有关，多为随机变量。据估计，我国大多数空调系统一年之中有 70%以上的时间都在低于设计负荷量的 50%状况下运行，而其中的大部分时间又在负荷量的 20%～50%间运行。

（二）空调末端设备智能化改造

一般情况下，空调系统末端风机是在额定全压下运行，工作场所的风速、风压和风量的调节都是通过调整挡板开合度实现的。这不仅浪费了大量的电能，而且还使风机电机持续高速运转，使得风机和其他机械传动器件的使用寿命缩短。中央空调系统的末端改造采用末端风机的自动调速技术，能够有效解决这个弊端。

1. 技术原理

（1）感知层设备：室内空调、室外空调、新风内机、新风外机等空调末端设备的运行状态可通过简易中央控制进行查看和设置。

（2）网关监视室内空调、室外空调、新风内机、新风外机等空调末端设备的变量参数。

（3）建筑物 BAS 或 BMS 系统，建筑物管理系统过网关将参数（初始值设定，控制参数设定等）下发至末端设备，并对整个空调系统实行系统管理。

2. 数据应用层

（1）数据应用层由系统软件（空调监控管理系统）、服务器（含操作系统和数据库软件）和管理终端组成，空调监控管理系统作为平台系统的子应用，可部署在平台集群服务器。

（2）空调监控系统实现对空调运行的实时监测、数据转换、策略控制、存储和管理功能，可独立或批量调节各房间空调开关状态、温度及运行模式，满足不同房间对空调负荷的需求。同时多种空调控制策略可预防违规使用空调现象，降低能耗使用，减少管理成本。

空调监控系统以监测空调运行参数为手段，以空调节能运行控制管理为目的，通过在线监测空调运转模式、室内温度、设定温度、电量等运行参数，并进行周期采集，进而对数据进行统计、分析，在此基础上建立一套相应的空调节能管理模型，通过配以策略配置、集中控制、违规用电等全方位手段，实现了空调的运行用电远程监测、分析与使用管控，最终通过使用者的自主行为节能、管理者远程调控节能和设备定时或变量控制等节能手段，有效地控制空调合理使用，既能营造舒适的工作生活环境又不造成浪费，也实现了空调分项能源计量与费用独立核算，为能源消耗定额管理和节能目标定量化提供了计量手段和节能手段。

3. 改造方案

针对不同的功能需求进行针对性的调控，对风机盘管系统实现统一监视、管控，杜绝空调无限使用的管理盲区和人为温度超调造成的浪费；内置多种节能管控策略，自动感知周围环境，自动调控中央空调风机盘管高、中、低风速运行，自动调节电动二通阀的起停，保持室内恒温；针对建筑本身出现的冷热不均现象进行差异化的参数优化设置，在保证房间舒适性需求的同时达到节能目标。改造前后对比如表 3 – 1 所示。

表 3 – 1　　改造前后对比

改造前	改造后
（1）机械调温效果不明显。 （2）比例阀性能不稳定。 （3）风机长期处于满速运行，风机用久易产生机械噪声及电能的浪费。 （4）无法实现温度闭环自动控制	（1）电气调温精度高。 （2）响应速度快，调温动态性能好。 （3）风机不处于满转速运行，机械损耗小，风机的噪音可降低，风机的用电量可下降。 （4）实现全自动远程监控及温度闭环控制。 （5）实现了软启动、软停止，消除了电机启动时对电网的冲击，而且还大大地降低电机运行时的噪声

（三）多联机空调智能控制改造方案

1. 空调系统室外机监控

网络化控制是多联机空调系统通常采用的能耗监测和控制策略。通过对多联机室外机配置的通信接口板和智能网关读取空调系统运行和状态参数，通过连接网络控制器将机组运行参数信息接入能源管理平台，通过能源管理平台，对多联机空调系统参数进行分布式采集和集中控制。

多联机空调系统智能化控制网络结构如图 3-1 所示。

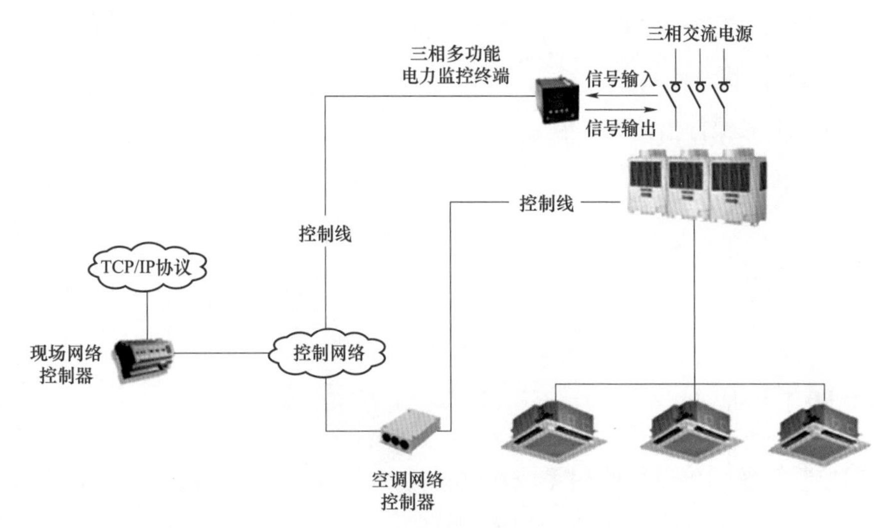

图 3-1 多联机空调系统智能化控制网络结构

（1）通过在供电电源回路上部署三相多功能电力监控终端，接入现场控制网络，配合交流接触器动作，可以在空调非工作时间和非空调季节自动切断其工作电源，有效避免空调的待机能耗浪费，从而大幅降低多联机空调系统的运行能耗。

（2）通过部署工作站、服务器及空调智能控制应用软件，构建空调智能管控系统，实时反馈机组运行数据和现场状态参量，与上级电网平台通信，形成能耗响应通道，实现负荷侧的能源需求响应。

2. 空调系统室内机监控

对空调机组配置通信接口，通过智能网关接入到系统平台，对多联机空调室内机进行远程集中控制。通过监控中心工作站对多联机空调系统集中进行监控管理，并实现以下功能：

（1）室内温度监测；

（2）温控器状态监测；

（3）室内风扇运转状态监测；

（4）空调机异常信息；

（5）ON/OFF 控制和监视；

（6）根据时间表进行定时启停；

（7）温度设定和监视；

（8）空调机模式设定和监视（制冷/制热/风扇/自动）；

（9）遥控器模式设定和监视；

（10）过滤网信号监视和复位；

（11）风向设定和监视；

（12）额定风量设定和监视；

（13）强迫温控器关机设定和监视；

（14）能效设定和设定状态监视；

（15）集中/分散控制器操作拒绝和监视；

（16）系统强迫关闭设定和监视。

二、绿色照明技术

（一）绿色照明工作原理

采用智能照明控制系统，可以使照明系统在全自动状态下工作，在预先设定的状态下，系统根据时间自动按预先设定的若干基本状态工作。例如，当一个工作日结束后，系统将自动进入晚上的工作状态，自动缓慢地调暗各区域的灯光，同时系统的移动探测功能自动生效，将无人区域的灯自动关闭，并将有人区域的灯光调至最合适的亮度。此外，还可以通过编程随意改变各区域的光照度，以适应各种场合的不同场景要求。

智能照明可将照度自动调整到工作最合适的水平。例如，在靠近窗户等自然采光较好的场所，系统会很好地利用自然光照明，调节到最合适的照度；当天气发生变化自然采光受影响时，系统自动将照度调高到最合适的照度。无论场所或天气如何变化，系统均能保证室内照度维持在预先设定的水平。

采用智能照明控制系统不仅可满足便捷控制灯光要求，而且由于可观的节能效果（节电可达到20%～50%）及光源寿命的延长（光源寿命延长 2～4 倍），又能在降低运行费用中得到经济回报，还能省去常规照明所需的大部分配电控制设备，大大简化和节省穿管布线工作量。此外，智能照明系统还有潜在的价值回报，如智能控制系统能使整个系统工作在使人们最舒适的状态，从而保证人们的身心健康，提高工作效率和舒适度。

（二）绿色照明改造区域

对建筑内照明系统进行节能改造，将旧系统中的荧光灯更换为LED灯具，并增加智能照明控制系统。下面以某医院为例进行说明。

1. 科室、会议室、病房/办公室

会议室、医院科室、病房、办公室照明管理方式大多是采用人工管理的方式，在正常会诊、会议、住院情况下，即便是光照度满足需求，室内的照明也被打开；此外光照度不足区域或者晚上，在室内无人或者人数很少的情况下照明也全部打开，照明浪费较为严重。

在室内配置照明控制终端，可对室内办公、会诊、会议、试验区域照明进行精细化用能管理和控制，结合光照度传感器和红外感应器，实现按需照明智能控制，并结合照明线路改造，可实现多种控制模式：

（1）人工远程控制方式；

（2）定时控制方式；

（3）照度控制方式；

（4）分组控制方式；

（5）感应控制方式；

（6）周期性控制方式；

（7）应急响应控制等。

2. 室内公共区域照明

建筑内公共区域照明设备分布较广，楼梯、走道、茶水间等，采用普通的人工管理无法兼顾所有区域的照明设备，可能会经常出现漏关、误关等问题，且光源设计较为密集，整体照明亮度较高，自动化程度低且管理不便。

配置照明控制终端后对公共区域的照明灯具分区域控制，进行集中节能控制管理。可实现以下功能。

（1）运行状态监测。实时监测每条公共区域照明回路开启/关闭状态，出现故障时可进行报警，提示物业人员及时进行维修。

（2）照明定时控制。对建筑各区域内公共区域照明进行时间段控制、工作时段/非工作时段控制等多种模式设定，有效地提高了照明灯具的自动化控制水平，减少了非工作时段忘记关闭等情况造成的能耗浪费。

- 分组、分区域控制。结合建筑内照明配电结构，以“隔一亮一”的方式替换之前全开全关的开关模式，以实现白天公共区域照明节能控制。
- 光照度控制。根据实时光照度参数，在白天照度较强时自动关闭公共区域照明，以减少无谓的照明能耗浪费；遇到临时突发的恶劣天气条件下，照明可以及时开启。
- 红外感应控制。根据实际需求，在人流量较少的区域内配置红外人体感应，当有人员走动时开启，在人员离开后延时关闭，有效减少公共区域照明能耗。
- 一键切换情景。针对会议室和多功能厅，通过智能控制逻辑的动态控制，根据不同场景模式的功能需求，对不同灯光的组合开启、不同灯光与设备组合控制及不同亮度组合控制，实现灯光、窗帘、投影联动控制，做到“一键切换情景”，为现场环境提供适度合理的照明。

3. 地下车库照明

地下车库照明通过计量、监测与控制实现精细化管理。采用照明控制终端对地下车库的照明灯具分区域控制，进行集中节能控制管理。可实现以下功能。

（1）对车库内的照明回路用电进行计量、监测与控制。

（2）通过对车库照明系统的线路改造，并与地下车库停车管理系统进行联动，实现照明回路的自动化控制，根据时间表以及地下停车场内的车辆数量自动停用夜间部分照明回路，在保证夜间车库内基本照度的情况下，采取“隔三开一”等控制措施，从而避免浪费、节约电能。

（3）可通过远程管理，定时、定量控制室内光源；能够有效改变长明灯等浪费现象，接收电网主站控制指令，响应负荷调控。

针对地下停车场目前24小时开启不关闭的现状，方案结合室内灯具更换，设计LED照明控制系统（见图3－2）：配置微波感应及LED照明控制器，平时保持30%～50%亮度，当探测到有汽车行驶时自动调节为100%亮度，维持一段时间后恢复低照度。

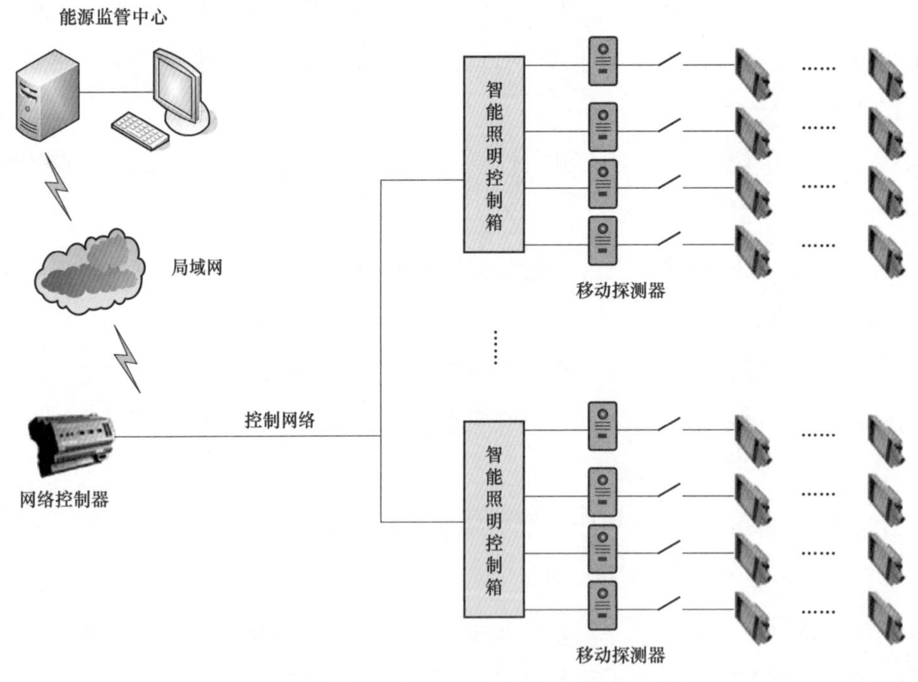

图3－2　地下车库照明系统智能控制系统结构

（三）绿色照明发展方向

光源是绿色照明的核心，应进一步提高光源发光效率，显色性能和使用寿命来营造更舒适的照明环境，同时达到节能环保的目的。未来将进行高效环保的光源如高压钠灯、金属卤化物灯的研究优化，通过优化其性能降低生产成本。

在照明控制系统方向，智能照明系统的构建是重点研究方向。它集多种照明方式，现代化数字技术和网络化布线技术于一体，使照明控制和后续维护更加简单。智能照明系统从楼宇设备自动化系统中独立出来。

太阳能是最清洁，高效的能源。自然光的均匀度接近100%，可以作为最节能环保且舒适度高的光源使用。如何利用反光板、光导管等工具提高自然光照效率是未来研究的重点。除了利用太阳光直接照明，能够与太阳能储能相结合的照明设备和照明方式也是未来研究重点。

三、智慧能源管理系统

（一）智慧能源管理系统建设依据

智慧能源管理系统的设计以及系统所有设备的设计、制造、检验、测试、验收等标准均符合国际标准化组织及国际、国内相关行业已实施的标准。

（二）智慧能源管理系统结构

采用分层、分布式系统结构，纵向分为三层：监控层、通信网络层和现场控制层。智慧能源管理系统使用高可靠性工业控制计算机及软、硬件系统，高性能的现场总线技术及网络通信技术，整个系统运行安全、稳定可靠、使用维护方便。

1. 监控层

包含监控计算机、数据服务器、网络交换机、打印机、UPS以及能源管理软件，用于管理公共建筑的能源统计、用能安全、运行监视、设备管理的运维中心。

2. 通信网络层

包括通信管理机、光电转换器、数据采集箱以及通信光纤网络等设备。

3. 现场控制层

包括安装在现场的微机保护装置、多功能仪表、漏电探测器等。此外系统还可以接入公共建筑IT配电系统、柴油发电机控制柜、空调系统、变频器、UPS等重要设备，发生异常情况时及时发出告警信号。现场控制层设备通过RS－485现场总线方式接入通信管理机，采用MODBUS－RTU规约。通信管理机把采集到的现场控制层设备信息经过分析处理后转换成以太网，接入监控计算机。

（三）智慧能源管理系统能耗模型

根据《JGJ/T 285—2014 公共建筑能耗远程监测系统技术规程》的要求，建筑能耗模型如图3－3所示。

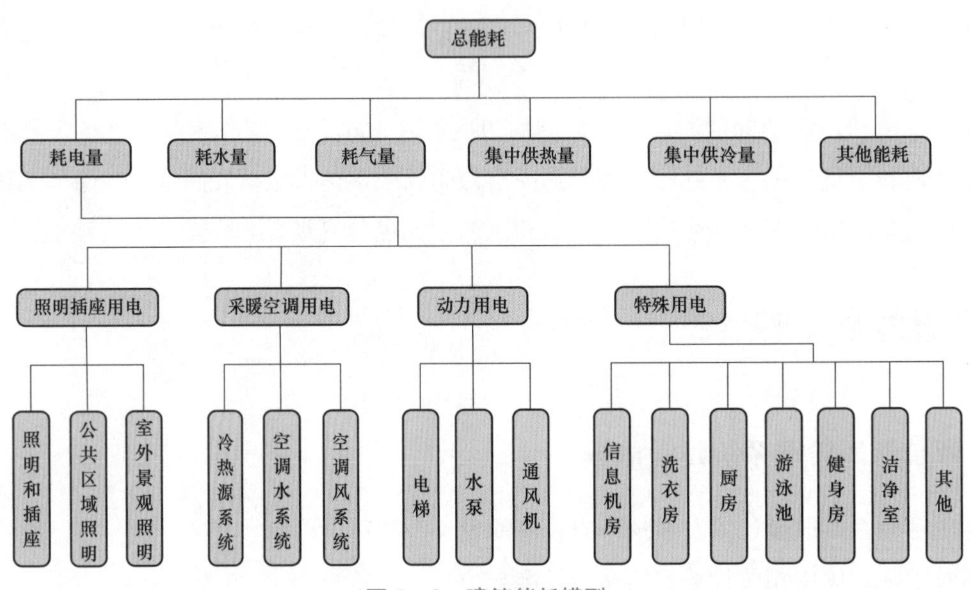

图 3-3　建筑能耗模型

（四）智慧能源管理系统功能

1. 电能质量分析

对电能质量比较敏感的回路可以安装电能质量监测仪表，并通过系统界面反映回路的电能质量，包括谐波畸变率、功率因数、三相不平衡、电压合格率统计等。

2. 运行报表

系统具有实时电力参数和历史电力参数的存储和管理功能，所有实时采集的数据、顺序事件记录等均可保存到数据库，在查询界面中能够自定义需要查询的参数、指定时间或选择查询最近更新的记录数据等，并通过报表方式显示出来。

3. 重要设备运行监视

系统对变压器、柴油发电机、UPS 的运行状态进行实时监视，用曲线显示其运行趋势，包括变压器负荷率及损耗、柴油发电机待机状态、UPS 工作状态、电池电压、报警信息等，方便运行维护人员及时掌握运行水平和用电需求，确保供电安全可靠性。

4. 漏电电流监测

系统实时采集配电回路漏电电流和线缆温度，当漏电电流或者线缆温度越限时，可以通过系统或者手机短信发出报警信号，通知运维人员及时处理隐患，保障生命财产安全。

5. 消防设备电源监测

系统实时采集重要消防设备的工作电源以及开关状态，当消防设备电源出现失压、低电压等异常情况时可通过系统或手机短信发出报警信号。

6. 实时报警

系统具有实时报警功能，能够对配电回路断路器、隔离开关、接地刀闸分/合动作等遥信变位、保护动作、事故跳闸，以及电压、电流、功率、功率因数越限等事件进行实时监测，并根据事件等级发出告警。系统报警时自动弹出实时报警窗口，并发出声音或语音提醒。

7. 数据可视化

系统根据建筑分布图，直观显示每栋建筑的能源消耗状况，并直接给出能源成本、新能源收益、节能对比情况。

8. 区域能耗统计

系统可以按照区域用能对能耗进行统计区分，比如不同建筑、同一建筑的不同楼层、同一楼层的不同功能分区等。

9. 回路用能分析

系统对一些主要用能回路可进行曲线、柱状图、饼图分析，并可以进行同比环比分析比较，有助于发现用能趋势。

10. 分项用能分析

系统按照标准要求，对建筑的用能按照照明插座、空调用电、动力用电和特殊用电进行统计分析，以饼图、柱状图方式进行对比统计。

11. 通信状态图

系统支持实时监视接入系统的各设备的通信状态，能够完整地显示整个系统网络结构。可在线诊断设备通讯状态，发生网络异常时能自动在界面上显示故障设备或元件及其故障部位。从而方便运行维护人员实时掌握现场各设备的通信状态，及时维护出现异常的设备，保证系统的稳定运行。

12. 开放的系统扩展功能

系统支持 Modbus-RTU、Modbus/TCP 等多种标准协议的数据转发，具备后期对非标准规约协议的开发接入，使得所有智能设备都能无缝连接入系统；支持工业 OPC 接口、ADO 接口、ODBC 接口等与其他系统（如 BA 系统）进行数据交换，实现与第三方系统的数据共享。

第二节 多能供应服务技术

一、分布式储能技术

随着智能电网、可再生能源发电、分布式发电与微电网以及电动汽车的蓬勃发展，大量分布式电源接入配电网。而分布式系统带来的随机性和高负荷等问题需要相应的储能技术提供解决方案。因此，诞生了分布式储能技术。

（一）分布式储能技术原理

分布式储能技术与大规模集中式储能技术相类似，一般可分为机械储能、物理储能和化学储能。相较于集中式储能，分布式储能减少了集中储能电站的线路损耗和投资压力，但也具有分散布局、可控性差等特点。合理规划的分布式储能，不但可以通过“削峰填谷”起到降低配电网容量的作用，还可以弥补分布式的随机性对电网安全和经济运行的负面影响。

（二）分布式储能系统的组成

分布式储能系统主要分为两部分：电储能单元和储能配套设施。分布式储能在微电网中的应用如图 3－4 所示。其可建设在用户侧，也可建立在供能侧，为多能互补的能源系统提供储能服务。

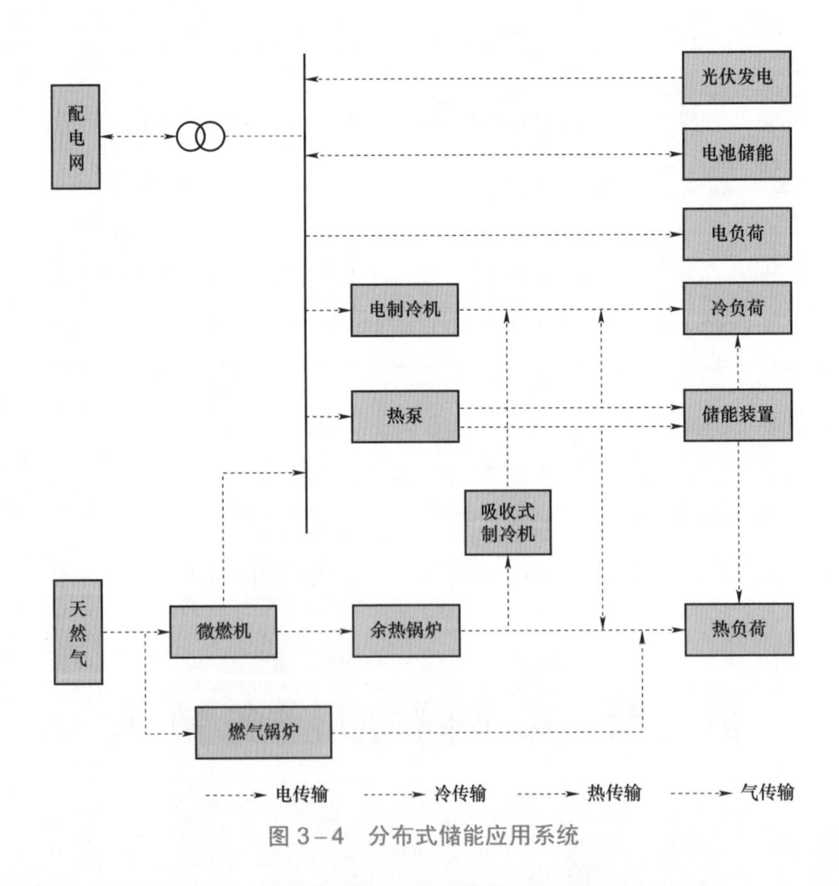

图 3－4　分布式储能应用系统

分布式储能系统的关键设备包括电储能单元和储能配套设备两部分。

1. 电储能单元

按储能方式的不同可分为机械储能、物理储能和化学储能（电池）。其中，机械储能设备可分为压缩空气储能设备、飞轮储能设备；物理储能设备可分为超级电容设备和超导储能设备；化学储能设备可分为钒液流电池、锌镍液流电池、钠硫电池、铅酸电池、锂离子电池等。

2. 储能配套设施

包括储能变流器、储能系统就地监控设备和多源储能系统协调控制设备。

（三）分布式储能系统适用场合

该系统主要应用场景包含用户侧、分布式电源侧和配网侧等三个方面，多以分布式电源、用户侧或微电网为背景引入，电动汽车也是其中的一种重要组成。

1. 用户侧

分布式储能系统由于具有快速响应能力，可以作为不间断电源（UPS），在停电时确保重要负荷供电。并且分布式储能系统可以通过在电价低时充电，电价高时放电，帮助用户在不改变用电习惯的情况下进行错峰用电，从而降低购电费用，参与需求侧响应。同时，在用户侧接入分布式储能设备，能快速响应系统中各种扰动，有效地维持电压幅值的变化，将波形畸变率控制在较小的范围内，从而提高用户电能质量。

2. 分布式电源侧

风电、光伏等分布式能源的输出具有间歇性、随机性和波动性等特点，接入配电网后带来的诸多影响限制了其接入电网的容量。将分布式储能系统与分布式电源相结合，可显著改善这些分布式电源的运行特性，抑制其功率波动，增强功率可调度性，实现其端节点电压控制。

3. 配电侧

利用分布式储能设备在高峰负荷时放电，在低谷负荷时充电，可有效实现负荷的削峰填谷。并且分布式储能系统具有响应速度快、输出功率控制精度高等特点，可用于电网调频的需求。同时大量的分布式电源的接入会造成配电网中一些节点电压升高。分布式储能系统可以用来有效参与系统或馈线极调压。

因此，分布式储能可应用于有上述需求的场景中，可为用电需要大且电能要求高的工业和商业企业及有储能需求的区域和公共建筑提供服务。

（四）分布式储能发展方向

现阶段分布式储能系统还存在着一些问题，相对于大电网的传统运行模式，分布式储能接入及出力具有分散布局、可控性差等特点。从电网调度角度而言，缺乏有效的调度手段，不利于分布式储能发挥出其对电网频率、电压和电能质量的改善作用，会造成储能资源的较大浪费。针对以上问题，未来需要在以下几个方面进行深入探讨。

通过配电侧的应用，对局域电网内现有分布式储能资源进行评估，开展补充性规划技术研究，可以在关键节点配置少量储能系统以充分整合已有的储能资源。针对电网的调峰、调频和紧急事故响应需求，以及配电网的电压调节、清洁能源满额消纳和能源系统经济运行等需求，开展分布式储能的柔性负荷等响应资源的协同调控策略研究。

在分布式储能关键设备方面，要结合发电特点，选择和改进储能设备，使其有良好的适应性和较长的使用寿命。同时，对不同功率等级的分布式储能设备进行参数优化设计，提高设备运行效率，降低运维成本，实现分布式储能系统在不同应用模式下平滑切换。此外，高效率、即插即用储能变流器、高效的分布式储能监控设备、规模化的分布式储能协调调控设备也是发展分布式储能系统的关键。

分布式储能系统的发展为未来光伏发电大规模走进千家万户储备了成熟的技术，将新能源渗透率由原来的15%提升到40%，有效缓解配电网增容扩建的压力，节省用户电费支出，促进新能源发电、购电售电侧改革、智能配网建设三者融合。同时，分布式储能系统不仅对电力新能源汽车具有重要的市场价值，也能广泛应用于家庭储能领域，既可以用来在电价低的时段储存电能供其在高电价的时段使用，以达到节省电费的目的，也可以在边远地区，以及地震、飓风等自然灾害高发的地区，当作应急电源使用，免除由于灾害或其他原因导致的频繁断电带来的不便。这些发展可提高清洁能源发电出力可控性；可提高电网平衡调节和安全保障能力；可提高供电可靠性、均衡性和连续性，可提高能源利用效率。随着分布式储能技术的快速发展、成本的快速下降，使用户侧分布式储能调节的经济性优于供应侧，且优势将会越来越明显。

二、制冷制热系统

制冷制热系统是指室内或其他空间内负责冷、暖温度调节的系统或相关设备。其目的是建立有益于人类生存的室内人工环境。制冷制热系统可以控制空气的温度及湿度，提高室内的舒适度，是大中型工业建筑或办公建筑中重要的一环，在制药、电子、关键任务设施以及油气等领域和行业中，也起到举足轻重的作用。

（一）制冷制热系统工作原理

制冷制热系统的三个主要功能（暖气、通风及空气调节）相互关联，目的是在合理的安装、运转及维修成本下，提供舒适温度及适当的室内空气品质；在现代的建筑中，上述机能（包括其控制系统，及系统的设计及安装）会整合在一个或多个的暖通空调系统中，由建筑设计者及机械、结构等工程师共同分析、设计并选定暖通空调系统，再由专业的机械承包商来安装。

制冷制热系统一般主要由冷热源（锅炉、制冷机、余热回收利用装置等）、输送系统（水泵、风机、水或空气管网、调节阀门等）、末端设备（换热器、暖气片、风机盘管、空调机组等）、控制系统四大部分组成。

（二）制冷制热系统性能指标

评价制冷制热系统主要围绕节能、舒适、健康、环保四个方面进行。节能即分析系统能耗，舒适是指使用采暖或空调空间内的热舒适度，健康主要考察室内空气品质，环保就是考察系统运行过程中对环境的影响。

1. 系统能耗

主要涉及制冷制热系统负荷的计算、制冷制热系统冷热媒驱动能耗、冷热源机组、空调末端设备的能耗计算及热率分析、经济性分析、寿命周期经济性分析。将服务对象热过程、冷热源设备、采暖空调设备及机组的工作特性及系统控制方法等结合和考虑，最终得到长时期内所消耗的能量，并为优化系统配置、运行策略提供数据基础和备选方案，以经济、合理地利用能源。

2. 热舒适度

根据行业主要技术标准及普遍习惯，人体热舒适度为人对热环境表示满意的意识状态。通过研究了解人体对热环境的主观热反映，得到人体热舒适的环境参数组合的最佳范围和允许范围，以及实现这一条件的控制、调节方法。影响人体热舒适的环境参数主要有 4 个，即空气温度、气流速度、空气的相对湿度和平均辐射温度；人的自身参数 2 个，即衣服热阻和劳动强度。在国际标准中，预计冷热感指标、冷热舒适感预计不满率体系及不满意百分比作为标准评价环境的热舒适度。

3. 室内空气品质

室内热舒适度和空气品质有着本质、密切的联系；影响热舒适度的主要因素是空气温湿度，这也影响着人对室内空气品质的感觉。进而，在上述评价指标基础上提出了室内环境品质的概念及了解室内空气品质、舒适度、噪声等对室内人员心理和生理的影响，评价结果更加全面、准确。

系统运行过程中对环境的影响。重点评价系统在生态健康、人类健康和资源消耗领域内的环境影响。主要的分析因子包括能耗、温室气体排放和主要污染物排放，各要素的全寿命周期环境负荷是使用阶段的直接环境负荷、能源开采、生产、运输等阶段负荷的综合结果。既考虑生产过程中的直接环境负荷，又考虑原材料消耗带来的间接环境负荷，重点关注能源资源的消耗。温室气体主要是二氧化碳的排放，主要污染物重点是硫氧化物、氮氧化物、臭氧、一氧化碳等。

（三）制冷制热系统适用场合

按照制冷制热系统的使用特性可分为舒适性系统和工艺性系统，按照系统集中程度可分为集中式、半集中式、局部式系统。

（四）制冷制热技术发展方向

作为生产、生活必需的保障系统，制冷制热技术的发展一直围绕几个核心目标进行。提升电力资源利用率、提高能源利用效率；减少对使用环境的破坏和扰动；提高制冷制热系统的可靠性和安全性；

减少建设初始投资、运营管理费用；减少土地占用、美化城市环境技术的进步、应用的延伸和创新，为制冷制热技术未来的发展带来了很多创新成果和新的方向。

1. 提升制冷制热系统能源利用效率

把一次能源多级梯次利用，把各种能源综合、集成利用，使我国的能源利用率逐步提升。

2. 推动能源消费革命

按照不同的温度区域，把能源在动力、热力等各种场合用到合理、合适的地方，能够满足当地特定的多种需求，适应当地特有的资源条件，构建新型的能源消费结构。

3. 推进能源供给革命

促进用户主动地选择利用效率高的能源形式，以需求带动供给的转型，构建新型的能源供给结构。大力发展利用可再生能源，少用或不用化石能源，少烧或不烧可燃物质获得热量；大力发掘、利用各种低品位能源，挖掘利用各种余热、废热及浅层地能等的低品位热量服务于需求侧。

三、电锅炉技术

电锅炉是以电力为能源，利用电阻发热或电磁感应发热原理，通过锅炉的换热部位把热媒（水或其他热载体）加热到一定参数（温度、压力）的一种热能机械设备。

（一）电锅炉工作原理

电锅炉主要由电锅炉钢制壳体、电脑控制系统、低压电气系统、电加热管、进出水管及检测仪表等组成。电锅炉品种很多，一般按电热元件的形式来分类，有电阻式、电极式和电膜式。

1. 电阻式

采用高阻抗管形电热元件，接通电源后，管形电热元件产生高热使水成为热水或蒸汽。这种元件的优点是水中不带电，使用较为安全，对水质也不造成污染。但是由于锅炉容量的增大需要依靠管形电热元件的数量来实现，这种锅炉的容量受到电热元件结构布置的限制。

2. 电极式

电极式锅炉的工作原理是把电极插入水中，利用水的高热阻特性，直接将电能转换为热能，在这一转换过程中能量几乎没有损失。电极式锅炉运行十分安全，一旦锅炉断水，电极间的通路被切断，电功率为零，锅炉自动停止运行，锅炉不会发生干烧现象。

3. 电膜式

电膜式加热技术是最近几年发展起来的新技术，比电阻丝加热有更高的电热转换效率。其原理是在搪瓷钢管表面喷镀称为微球电热材料的半导体膜（金属氧化物），实现大功率电热转换。其特点是使用范围更大，使用寿命长，耐电流冲击能力强，与基体附着力高，抗冷热激变破坏能力强，适用于基体材料种类多、设备简单、投资少、工艺操作环境要求低的场所。

（二）电锅炉分类

按使用需求划分，电锅炉一般可分为以下 4 种。

1. 电开水锅炉

为了满足较多人员饮用开水而设计，主要用于医院、办公楼和学校等人口密集型单位。

2. 电热水锅炉

也称为电采暖锅炉，用来采暖或供应生活热水，适用于宾馆，厂房等。此类锅炉又可以分为直热式锅炉和蓄热式锅炉。直热式锅炉直接供热；蓄热式锅炉配以蓄热水箱和附属设备，根据电力部门对低谷时用电的鼓励政策，在电价较低的时段加热蓄热水箱中的水，在电价较高的时段使用蓄热水箱中的热水，可全部或部分使用低谷电力代替用电高峰时段的电力。

3. 电蒸汽锅炉

利用电力加热产生额定压力的蒸汽锅炉。

4. 电壁挂炉

是一种纯电阻的用电器，将电能转化为热能。

（三）电锅炉性能指标

衡量电锅炉的性能指标主要有锅炉容量、蒸汽压力、蒸汽温度、给水温度、锅炉效率等。其中锅炉容量可以用额定蒸发量和最大连续蒸发量判定。

1. 额定蒸发量

在规定的出口温度、压力和效率条件下单位时间内连续产生的蒸汽量。

2. 最大连续蒸发量

在规定的出口温度，压力和效率条件下单位时间内连续产生的最大蒸汽量。

3. 蒸汽压力

蒸汽锅炉产出的蒸汽压力。

4. 给水温度

热水锅炉产出的热水温度。

5. 能量转化效率

是产出热量与输入电量的比值，越高越好，一般电锅炉效率可达 90%以上。对于蓄热式锅炉，蓄热水箱体积是衡量锅炉供暖能力的重要指标。

（四）电锅炉适用场合

适合商场、医院、学校等人员密集建筑加热饮用水、游泳池加热水。一般采用高频电磁感应加热器，水电分离为游泳池安全供热。

适用于替代小型燃煤、燃油、燃气锅炉。小型燃烧锅炉效率极低，污染严重且需要专人看管，存在安全隐患。

适用于电锅炉配合蓄热系统替代小型锅炉对公共建筑定时供暖，可以根据建筑使用时间进行供暖时间设定。

适用于南方无集中供暖地区，可以利用电锅炉进行家庭独立供暖。

利用蓄热式电锅炉，在电价低谷期蓄热，用于电价高峰期供热，达到错峰消纳的目的。同时，由于冬季冷负荷、电负荷有相反的峰谷特性，热电联供、风电联供常常出现调峰困难的问题，电锅炉可以作为补充热源，用于集中供暖二次管网调峰。

四、热泵技术

热泵是一种以逆循环的方式，通过外力（如电力）做功，将低温热源中的热能转移到高温热源中的机械装置。它仅消耗少量的逆循环净功就能从空气、地球表面浅层水源、地下水、土壤等低位热源中获取热量，向人们提供大量可被利用的高品质热能。

热泵技术的起源为1824年被提出的“卡诺循环”。1852年，开尔文提出了将“逆卡诺循环”应用于热泵的设想。1912 年，第一台热泵在瑞士苏黎世诞生，它以河水作为低位能源，用于供暖。20 世纪 70 年代以来，各种热泵新技术层出不穷。进入 21 世纪之后，随着能源危机的出现，热泵技术因其高效回收低温热源中的热能、节能环保的特点成为目前最有价值的新能源技术之一。

（一）热泵工作原理

热泵一般由四个主要部分组成：压缩机、冷凝器、节流阀和蒸发器。它的工作过程与制冷系统是一致的，都是低温低压的液态制冷剂通过蒸发器，在低位热源环境下吸收热量汽化，之后在压缩机中经外力做功形成高温高压的蒸汽，然后在冷凝器中散热冷凝，将潜热释放至高位热源，最后经节流装置（如膨胀阀）恢复成低温低压液体，形成循环。工作原理如图 3－5、图 3－6 所示。

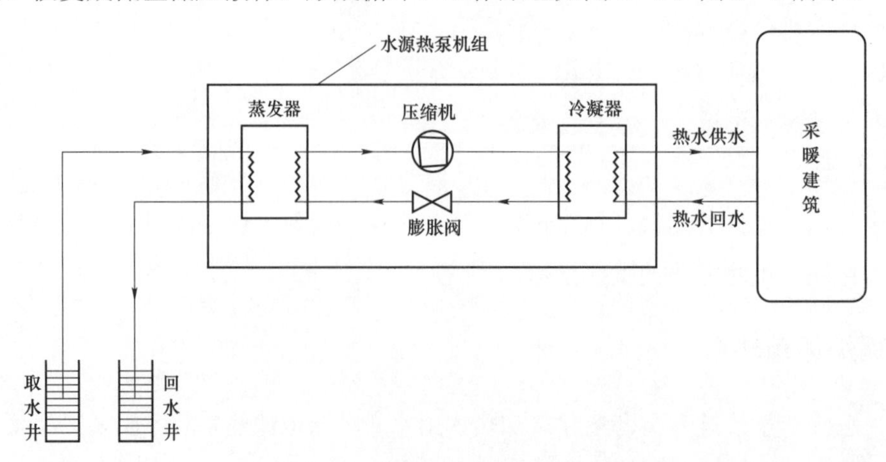

图 3－5　热泵工作原理（制热）

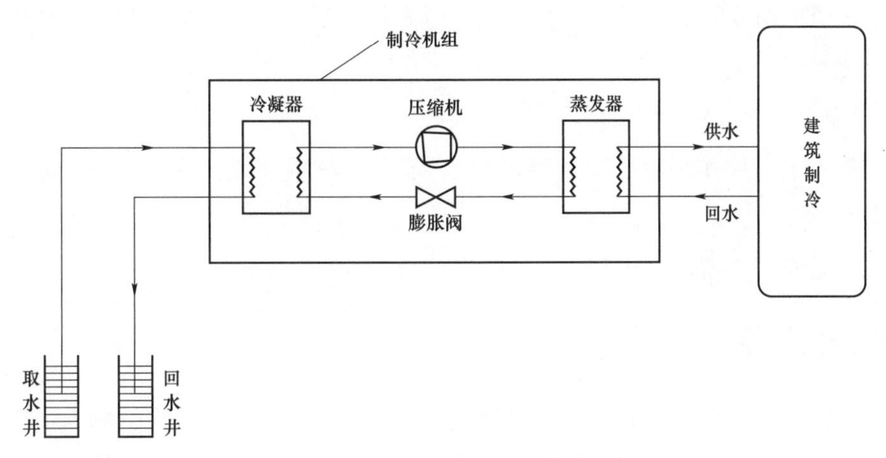

图 3－6　热泵工作原理（制冷）

（二）热泵分类

按照热源种类划分，热泵分为空气源热泵、水源热泵和地源热泵等。

按照热泵机组驱动方式划分，热泵分为电驱动热泵、燃气驱动式热泵和吸收式热泵。

吸收式热泵也可分为两类。第一类为增热式热泵，是利用少量高温热源驱动产生大量中温有效热源。第二类是升温式热泵，是利用大量中温热源产生少量高温热源。

空气源热泵不需要设置专用的冷热源机房，安装方便。但是其能效受室外环境影响较大，且存在结霜问题，限制了其推广和使用。

水源热泵可细化分为地表水源热泵和地下水源热泵。地表水源热泵又可以分为地表径流（江河湖海）热泵，海水源热泵和污水源热泵。地下水源热泵抽取温度稳定的地下水，抽取冷量/热量后需要进行回灌以维持地下水资源的平衡。

（三）热泵性能指标

主要包括制热量、能源利用系数、季节性能系数几个主要指标。

1. 制热量

制热量是决定热泵能否正常使用的最重要的参数，它指的是热泵在设计工况下具备的制冷量或制热量。在实际使用过程中，如果热泵制冷量或制热量低于实际需求量，需要利用制冷机组和锅炉进行补充供冷/供热。

2. 能源利用系数

能源利用系数是衡量热泵性能好坏的参数。热泵设备的性能一般用制冷性能系数（COP）来评价，即由低温热源传递至高温的热源热量与所需动力（通常为电力）的比值。通常热泵的 COP 可以达到 3～4，市面上高效热泵机组额定 COP 可以达到 6 以上。但是大部分热泵机组在实际运行过程中往往能效偏低，一方面是由于机组安装后调试不到位，未能达到最佳运行状态；另一方面也与投入运行后的维护保养和运行调控策略有关。

3. 季节性能系数

季节性能系数用来衡量热泵用于某一地区整个采暖/供冷季节的热力经济性，是总供热量、总供冷量和总输入能量之比。

其他指标还有如噪声，占地面积等。

（四）热泵适用场合

空气源热泵适用于南方地区。北方地区温度较低，运行效果受温度变化影响大，在极端低温情况下常常会出现结霜情况，难以正常工作。我国南方地区冬季没有集中供暖，有较大的利用空间，且室外气温较为稳定，少有零度以下极端天气，因此，空气源热泵适合在南方运行，在预热时间和主机效率方面都会优于北方地区。

（五）热泵发展方向

对于空气源热泵在低温环境下的运行问题，目前可以通过补气增焓，双级压缩等技术方式解决。但是对于冬季风冷换热板结霜问题，虽然已经有很多相关研究，但仍未实现除霜同时不影响供热量，未来研究重点应关注无霜空气源热泵研究。除此之外，空气源热泵和地表水源热泵受气候变化影响较大，且很难兼顾取热和排热的平衡。针对这些问题，“柔性热泵”的概念被提出。综合使用多个低品位热源末端（如风冷换热器，水源换热器，太阳能集热器等）进行优势互补，采集自然界的多种低品位热源，提供给不同热泵系统使用，在保证风冷换热器除霜效果的同时能够不影响其他末端正常工作。

我国对于吸收式热泵的研究起步较晚，但随着科技发展，2006 年之后开始迅猛发展。为了进一步提升热泵效率，热泵内部结构设计仍需研究和改进，如创新链接方式，优化整体结构等。

五、蓄冷技术

公共建筑耗能远高于民用建筑，由于工作时间的限制，电能消耗主要集中在白天，导致用电高峰期电力紧张，但是夜晚低谷期电力不能得到充分利用。为了转移电力需求，平衡电力供应，国家采用分时计价的政策来推动离峰电力的积极性。冰蓄冷空调利用夜间低谷电力制冰储能以减少用电高峰期空调用电负荷和系统装机容量。从建筑层面上，冰蓄冷技术不一定能降低电耗，但是可以利用峰谷电价差值节约用电成本。而从国家整体层面上，冰蓄冷系统能够对供电系统进行“移峰填谷”，解决夜晚低谷期电力浪费问题。

（一）冰蓄冷工作原理

冰蓄冷技术是利用夜间电网低谷时间，将冷媒（通常为乙二醇的水溶液）制成冰，将冷量储存起来，白天用电高峰期融冰，将冰的相变潜热用于供冷的成套技术。这种蓄能措施能够有效地利用峰谷电价差，在满足终端供冷（热）需要的前提下降低运行成本，同时对电网的供需平衡起一定的调节作用，机组运行系统分为串联系统和并联系统两种。

1. 串联系统

冷源设备与蓄冰系统在流程中处于串联位置，利用循环泵维持系统内的流量与压力，供应空调所需的基本负荷。该模式不能让制冷设备和蓄冰设备共同供冷。

2. 并联系统

冷源设备与蓄冰系统在系统中处于并联位置，利用板式换热器换热。当负荷较大时，二者可以联合供冷。机组工作模式有四种：制冰同时供冷模式、单制冷机供冷模式、单融冰供冷模式、制冷机与融冰同时供冷。

蓄冷空调系统的制冷设计容量可以小于常规空调系统，一般情况下可减少 30%～50%。蓄冷空调系统的一次投资比常规空调系统要高，但是由于峰谷电价政策，它的运行费用较低，电价差值越大，收益越高。

（二）冰蓄冷系统分类

冰蓄冷系统主要分为蓄能系统和冷源系统。冷源系统多采用电驱动制冷机。蓄冷系统方式主要有以下三种。

1. 冰盘管式系统

又称冷媒盘管式，直接蒸发式和外融冰式系统。制冷系统的蒸发器直接放入蓄冷槽内，冰在蒸发器盘管上冻结或是融化。

2. 内融式冰蓄冷

冷水机组制出低温乙二醇水溶液（二次冷媒）进入蓄冰槽里的盘管内，使管外的水结成冰。融冰时温度较高的乙二醇水溶液进入蓄冰槽里的盘管内，将管外的冰融化，乙二醇水溶液的温度下降，再被抽回到空调负荷端使用。

3. 动态制冰

该系统的基本组成是以制冰机作为制冷设备。制冷机安装在蓄冰槽上方，在若干块平行板内通入制冷剂作为蒸发器使用。循环水泵不断将蓄冰槽中的水抽出送到蒸发器的上方喷洒而下，在平板状蒸发器表面结成一层薄冰，待冰层达到一定厚度时，制冰设备中的四通换向阀切换，使压缩机的排气直接进入蒸发器而加热板面，使冰脱落。

冰蓄冷系统原理图如图 3－7 所示。

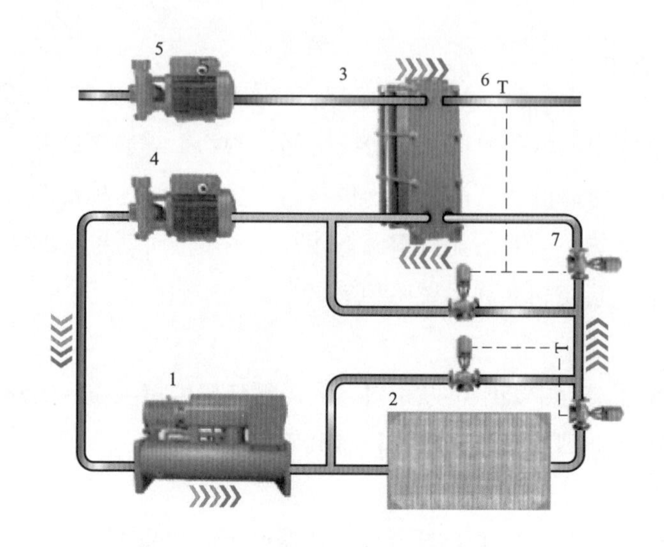

图 3－7　冰蓄冷系统原理

1—双工况制冷主机；2—蓄冰装置；3—供冷板式换热器；4—乙二醇泵；5—冷冻水泵；6—温度传感器；7—电动调节阀

（三）冰蓄冷发展方向

冰蓄冷系统未来重点的发展方向主要体现在以下几方面。

首先，开发适用于空调机组，固液相变潜热大，经久耐用的新型蓄冷介质。现在冰蓄冷装置主要与制冷机组相结合，新型有机蓄冷介质正在被不断发现，如常温下呈胶状的可凝胶，可通过推行冰蓄冷装置与送风系统结合进一步降低能耗。未来还可建立区域性的蓄冷空调供冷系统降低初期投入成本。

其次，由于冰蓄冷装置较为复杂，且其运行效果受多方面因素影响，所以需要在实际运行中对水泵频率、供回水温度等参数的设定进行研究并给出相应的工程指导。

最后，虽然冰蓄冷装置具有降低机组容量，利用峰谷电价等优势但是大部分蓄冷设备在冬季闲置，转而采用其他方式供热，造成了资源的浪费。为此，急需研制一套空气换热器与冰蓄冷系统相结合的新系统，可以对现有的冰蓄冷系统进行改造，实现冬季供热，提高设备利用率。

第三节　清洁能源服务技术

一、屋顶分布式光伏

公共机构屋顶光伏电站的建设进一步加强了光伏项目的环保示范效应，符合我国 21 世纪可持续发展能源战略规划；也是发展循环经济模式，建设和谐社会的具体体现；同时对健全光伏产业链、推进太阳能利用及光伏产业的发展进程具有非常重大的意义，其社会、经济、环保等效益显著。

（一）屋顶分布式光伏优势

1. 节约建筑能耗

在闲置的屋顶结构上安装光伏阵列，实现太阳能与建筑一体化，无需额外用地或增建其他设施，适用于人口密集、土地昂贵的城市建筑。由于光伏阵列安装在屋顶结构上，吸收太阳能，转化为电能，大大降低了室内综合温度，减少了墙体得热，既节省了能源，又利于保证室内空气品质。

2. 补充电网能源结构，缓解用电高峰期间电网压力

用电高峰期间，电网供电压力较大。而光伏发电系统由于自身发电特点，在有日照的条件下方可发电，并且日照条件越好，系统出力越大。

3. 节能减排

在化石能源逐步枯竭、环境污染日益严重、生态意识不断增强的今天，实现光电建筑一体化，可避免由于使用一般化石燃料发电所导致的空气污染和废渣污染，不产生固体废弃物，又能够优化能源结构，改善生态环境和居住条件，对建设生态文明与和谐社会发挥具有十分重要的战略意义。

（二）技术方案

项目在屋顶及梁柱上均匀布置受力点后安装组件支架，彩钢瓦屋面采用平铺方案进行布置。

太阳能光伏发电并网系统的主要部件为太阳能光伏组件和并网逆变器。并网系统的基本构成如图 3－8 所示。

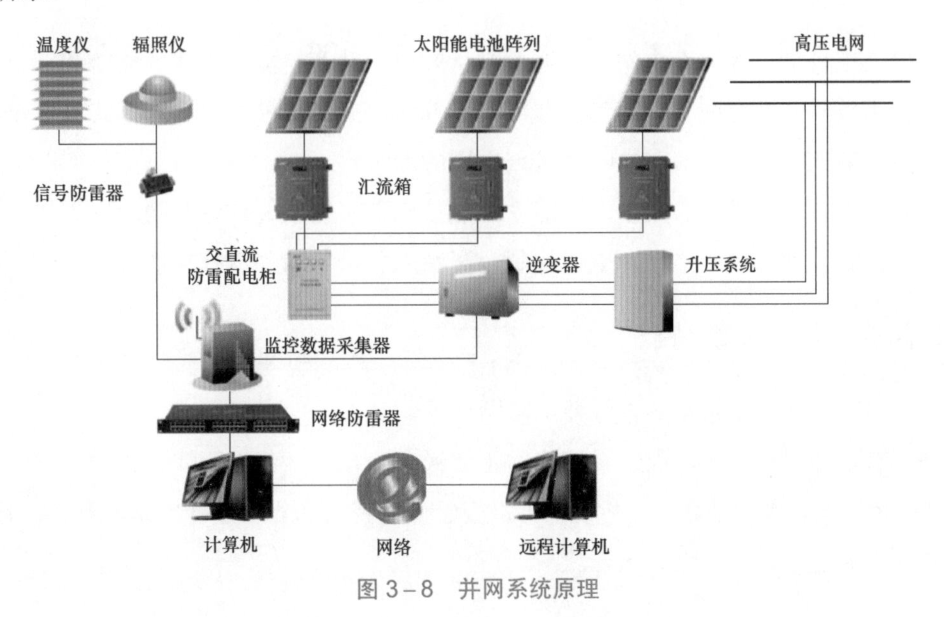

图 3－8　并网系统原理

光伏电站建设完成后并网运行，可以提供电力补充。当光照充足时，光伏发电系统所发电力输入电网，当光伏电站所发电不足以供设备使用时，从电网获取电能。

具体光伏电气接入方案（见图 3－9）参考国家电网有限公司提供的《分布式光伏发电项目接入系统典型设计》以及当地供电公司的要求。

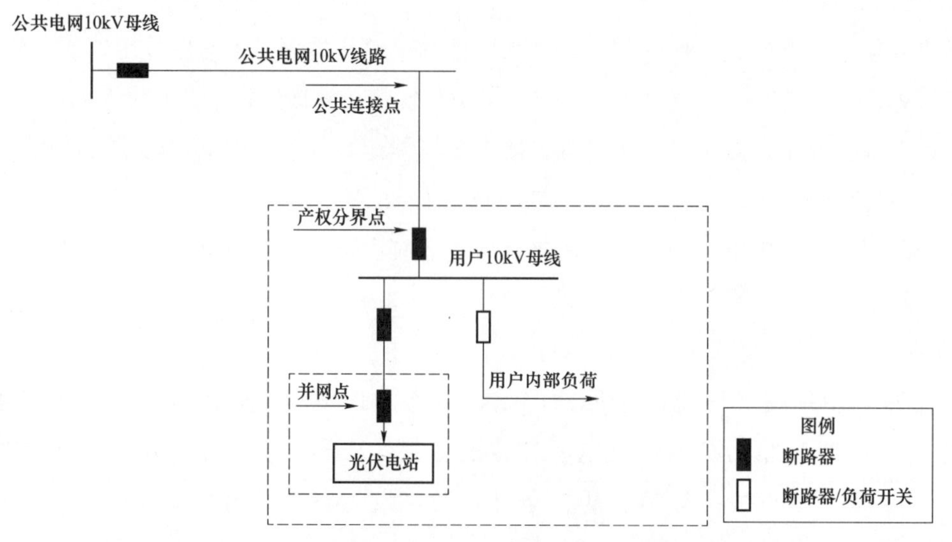

图 3－9 “自发自用 余电上网”典型接入系统方案示意

二、光储充一体化

（一）光储充一体化工作原理

“光伏车棚+充电桩”一体化充电站能够通过光伏发电后储存电能，光伏、储能和充电设施形成了一个微网，根据需求与公共电网智能互动，并可实现并网、离网两种不同运行模式。不仅实现了清洁能源供电，还能缓解充电桩大电流充电时对区域电网的冲击。

“光伏车棚+充电桩”一体化方案中，储能系统是核心。储能系统具备并网运行模式及离网运行模式，可实现调峰控制、调频控制、无功电压控制、离网应急供电四种运行功能。

（二）光储充一体化系统特点

（1）双向变流，可接受上级指令进行并、离网切换。

（2）系统具有多种保护措施，保证系统能够正常稳定运行。

（3）配有监控系统，实行全数字化控制，可以查看储能变流和光伏逆变的运行状态，且具有诊断、复位功能，实现无人值守，全自动化运行。

采用市电、光伏和储能混合供电。白天有光照时，由光伏系统发电供给充电桩，多余部分优先给蓄电池充电，电池充满后，再供给场内其他用电负载使用（如照明、发电设备等），市电作为补充能源；晚上由市电给蓄电池充电和给充电机供电。该电站能有效利用太阳能以及蓄电池。

例如：建筑总面积约为 5000m^2，初步建设充电站规模为 3 台 60kW 的双枪直流快慢充充电桩，4 台 7kW 交流桩（用电总功率为 208kW，不含照明系统等其他电路负载），为保证系统供电光伏装机容量至少为 500kW，储能系统则配备至少 1MWh。

（三）光储充一体化系统结构

项目实际运行中，还需搭建一套能量管理监控系统（EMS），底层设备：储能变流器、光伏逆变器、电池管理系统（BMS）、充电桩，同时可接入监控系统。光储充一体化系统拓扑结构示例如图 3－10 所示。

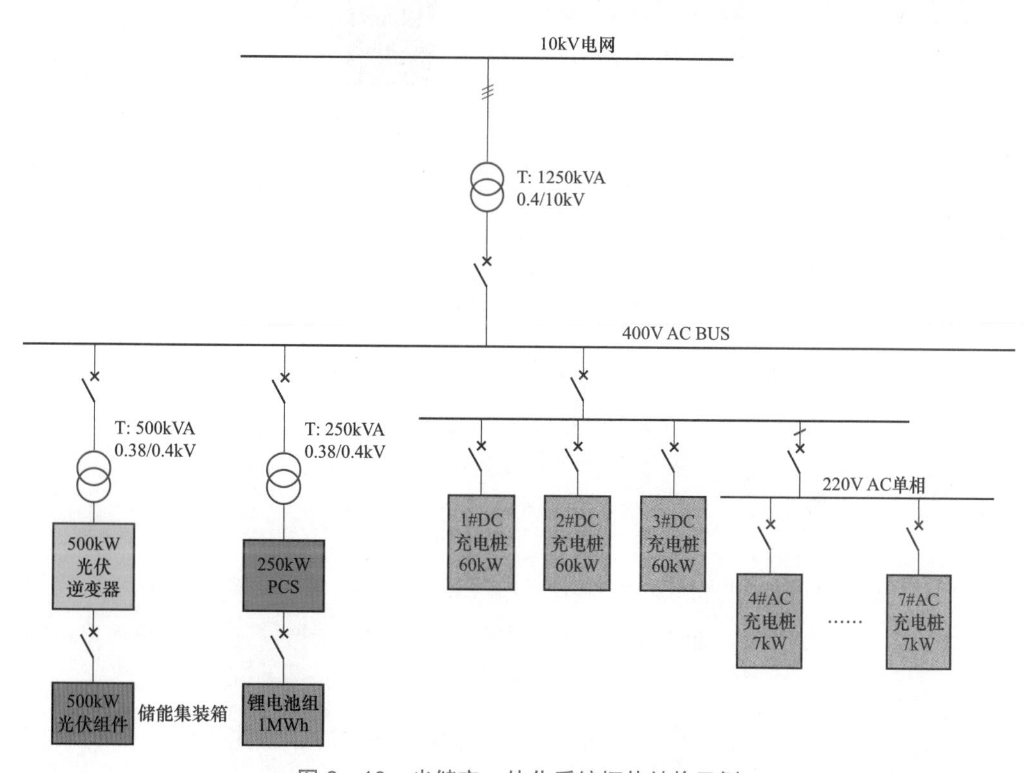

图 3－10　光储充一体化系统拓扑结构示例

整个系统由光伏组件、光伏逆变器、储能变流器、直流充电桩、交流充电桩、交流配电柜组成。

1. 光伏发电系统

系统拟用光伏太阳能板及逆变器构成。光伏发电系统通过太阳能面板发出的为直流电，经逆变器逆变为交流电汇流后接入电力系统。

2. 光伏储能系统

电池采用磷酸铁锂电池，提供过充、过放、过流、过温、短路保护，提供充电过程中的电压均衡功能，具备系统运行状态和故障报警显示，同时能采集所有电池组的信息，通过液晶屏显示充放电过程中的电压、电流、SOC，进行参数设置和修改，根据电池状态调整充放电控制。500kW 光伏系统拓扑结构如图 3－11 所示。

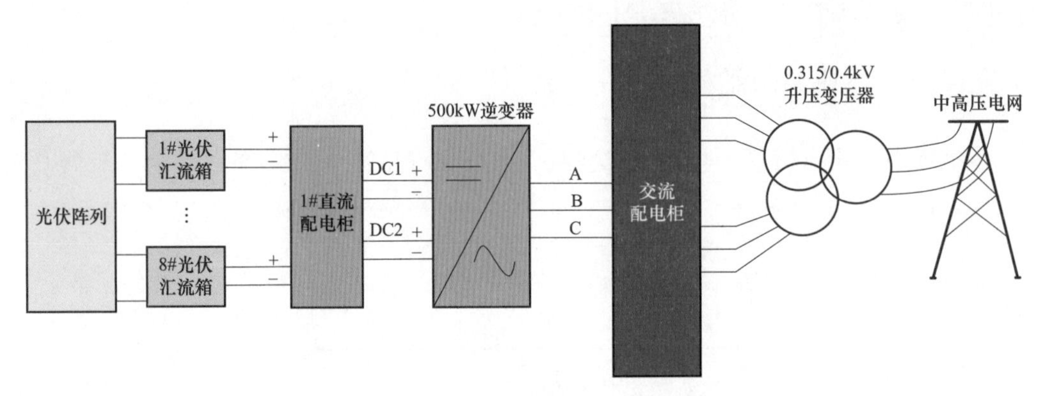

图 3－11　500kW 光伏系统拓扑结构

第四节　节能增值服务技术

一、开水器定时控制技术

在热水 24 时供应项目中，供应时间内经常有发现热水浪费现象，为确保电开水器高效稳定的工作，保证饮用水质量、节约能耗，通过对电开水器加装外置时间控制器，使得电开水器仅在需求时段运作。

通过对现场开水器使用习惯的调研，分析开水器主要在哪些时间段集中使用，哪些时间段很少使用。从而对开水器进行控制管理，增加智能控制器进行关断控制，同时，智能控制器支持 RS－485 远程通信、电能计量和时间段管理控制，从而实现人性化及科学化管理。

例如，在某公共办公区每台电开水器外接时间控制器配电箱 1 台。通过定时控制系统改造后，刚过早上 5 点，建筑内所有 15 台电开水器准时启动加热开水，保障在所有工作人员上班之前完成饮用热水制备，晚上 18 点全部工作人员下班之后电开水器按时停止工作，单项节能率可达 25% 以上。

二、电梯势能回馈技术

电梯势能回馈装置的作用是将电梯制动和不平衡运行（重载下行和轻载上行）中的势能转化为电能储存，并回送给交流电网供周边负载小的用电设备使用。由于无电阻发热元件，降低了机房的环境温度，同时也改善了电梯控制系统的运行温度，延长电梯使用寿命。通过电梯势能回馈技术可达到节电率 20.85%。

电梯势能回馈装置的主电路由 IGBT，智能模块，隔离二极管 D1、D2，滤波电感，电容等元件组成。智能模块是主电路中的核心元件，它将直流电能逆变为与交流电网同步的三相电流回送电网。其完善的保护（过压、欠压、过流、过热等）功能，保证了电梯势能回馈装置的安全可靠运行。二极管 D1、D2 可防止电梯势能回馈装置反送电能给变频器，确保电梯控制系统安全运行。滤波电感 L1－L3、电容 C1－C3 构成高次谐波滤波器，阻止 IPM 模块高频开关产生的高次谐波电流进入电网，提高电梯势能回馈装置的电磁兼容（EMC）性能。

控制电路由单片微机、可编程逻辑芯片、外围信号采样器构成。配以冗余度高的软件设计，使控制电路能自动识别三相交流电网的相序、相位、电压、电流瞬时值，有序控制 IPM 工作在 PWM 状态，保证直流电能及时回馈再生利用。

因为电梯使用频率很高，而且改造前电梯运行中多余的机械能被制动电阻发热消耗，不但造成机械能浪费，也增加了机房空调负荷。所以对垂直电梯安装势能回馈系统能够有效节约用电，提升能源利用率。

三、电力智能运维技术

（一）实时监控

（1）实时动态的一次接线图，监测高压进出线运行参数，包括电流、电压、有功功率、无功功率、视在功率、开关状态等。监测低压配电出线运行参数，包括：电流、电压、功率、电度、开关状态等。

（2）电能质量监测，包括三相电流不平衡度、功率因数等。

（3）变压器温度监测。

（4）配电房温湿度监测。

系统提供对配电间的温湿度环境进行监测，让管理者能够直观了解配电间的温湿度情况。

（二）故障报警

（1）事故告警和分析，能够检测到设备的正常和非正常状态，当非正常状态时及时的告警，并能够快速定位故障点所在。

（2）设置温度越限预报警，当监测点温度超过预设范围时，系统能自动发出报警信号。

（三）设备运维管理

实现设备全生命周期信息化管理，及时发现隐患，科学安排设备检修，降低维护成本。系统提供了设备台账、工况统计、设备查询、历史曲线、操作票、安全天数、巡视管理、运行记录、模拟操作、挂牌管理、短信预警配置等功能。

（四）值班运行管理

交接班：系统整合变电站交接班管理功能，提供值班记录登记（电站运行情况、各个站点温度情况、设备故障情况、特别注意事项、相关通知及会议情况等）和交接班（进入电站历史事项检索界面，和接班人交代电站情况、按日期，电站，事件类型来查询电站的历史事项，核对交接班信息，交班人和接班人各自输入账号/密码，确认交班）相关查询。规范管理流程，提升管理水准。

1. 安全天数

查看变电站的总安全运行天数。

2. 操作票

操作票模板定义、操作步骤修改、按电站/日期/票状态来查询操作票。

挂牌、模拟操作：挂牌类型编辑、列出/删除当前站点的挂牌列表、在图形界面上的具体一次设备上实现右键挂牌/撤牌操作，挂牌事项告警。

3. 遥控遥调

执行严格的授权管理，可实现对现场设备的遥控、遥调（需要设备支持）。

（五）电站运维

1. 一次设备台账

包含一次设备的基本信息和辅助信息，和系统的一次系统图、一次设备模型紧密联系，便于检修、事故、运维时检索和调阅。

2. 一次设备运维记录

包含一次设备的缺陷记录、实验记录、检修记录、巡视记录、其他记录等。

3. 设备分合闸统计

按变电站、时间段来查询所有的分合闸情况，导出查询结果，详细的查询结果以图表和明细列出，包括：一次设备编号、名称、变电站、机柜、分闸次数、合闸次数。

4. 设备越限统计

按变电站、时间段来查询所有的越限情况，导出查询结果，详细的查询结果以图表和明细列出，包括：一次设备编号、名称、变电站、机柜、越限次数、越限累计时间。

5. 设备过载统计

按变电站、时间段来查询所有的过载情况，导出查询结果，详细的查询结果以图表和明细列出，包括：一次设备编号、名称、变电站、机柜、过载次数。系统提供了故障登记、故障处理、历史工单、事件调查、抢修车辆、备品备件等功能事项，构成电站内处理故障的完整体系。

6. 故障查询

按电站、机柜、故障登记时间段、一次设备类型、设备名称关键字、电压等级来查询故障信息。

7. 故障登记

登记电站、机柜、故障登记时间段、一次设备类型、设备名称关键字、电压等级基本信息。登记故障情况描述、影响情况描述、安全措施、参照物、是否需要协助等信息。登记故障的预估修复时间、登记人等信息。

8. 故障处理

登记故障处理类型（过程包括：通知、勘察、许可、汇报、送电）、登记故障处理明细、选择登记故障处理使用的抢修车辆、设备资源进行故障修复。

9. 历史工单

历史故障运维工单查询、历史工单导出、历史工单打印。

另外，还能实现事件查询、抢修车辆和备品备件管理等功能。

（六）移动 App 运维

实现手机移动端的实时告警提示，信息推送，移动视频以及数据曲线查询、一次系统图、值班表等。实现移动端在线运维服务。

1. 即时通信

中心与用户站之间通过网络或者短信方式实时传送消息。

2. 语音通信

系统的各用户之间可实时通过语音方式进行交流。

3. 应急一键呼叫

用户站通过系统界面可以一键呼叫服务中心，值班中心系统在监控屏幕上自动弹出呼叫提示值班人员，有声音提示并同时弹出该用户站综自系统图显示该站状况，帮助值班人员远程技术支持。

4. 精细化用能

系统提供了电量分析、损耗分析、用电分析，多维度解读耗能情况，方便用户了解用能情况，采取相应的节能方案。

四、智慧路灯建设

随着智慧城市的推广力度加大，节能型LED更适合替代大功率的钠灯，不仅可以节约非常可观的电能损耗，也可以减少环境的压力。同时伴随汽车工业飞速发展，我国石油消耗对外依存度持续升高，2013年已达58.1%，石油短缺局面日益加剧。电动汽车发展对我国具有重大意义，一方面可以提高电能替代，有效减少单位GDP能耗，另一方面可以有效破解环境约束，解决雾霾等大气污染问题。一种基于LED市政路灯和电动汽车充电桩的一体化设计方案，可有效利用市政路灯改造后节省出来的配电容量安装充电桩，在保证道路高效照明的同时，为电动汽车充放电提供接口，具有保护、监测、控制、通信、计量等功能，便于主站系统实现对路灯和电动汽车充放电状态的远程监测和控制。该方案可行性强，适合大规模推广，能够很好地解决充电桩、充电站建设过程中征地难的问题。

智慧路灯系统由六大应用子系统组成：网络多媒体信息发布子系统、无线WLAN子系统、智慧监控子系统、环境传感监测子系统、充电桩子系统和视频语音求助子系统。各应用子系统可以根据实际需求联合运作，用户也可以根据实际情况选择不同的应用子系统进行组合应用。

LED灯具采用高压压铸成形外壳，外部静电喷塑处理。采用导热系数高的材料及铝合金散热。灯具转角具调节器并标有调节刻度尺，可上下45°调节，模块化模组设计，标准安装接口，实现快速维护。配合终端控制器实现远程开关、调光、电能数据和灯具状态查询。

（一）网络多媒体信息发布子系统

LED灯杆全彩显示屏作为网络多媒体信息发布的平台，内嵌LAN、WIFI、3G智能管理核心模块，让多媒体信息内容可以随心掌控，图文信息随便更换，显示信息可包括如商业广告、公益宣传、公共信息发布、紧急情况警告、区域地图显示、周边环境空气污染状况等。

（二）无线WLAN子系统

智慧路灯集成无线接入点（AP）作为WLAN网络的接入点，覆盖半径150m（信号强度达到－65dBm）。WIFI覆盖采用大功率双频无线接入点覆盖模式，支持最新一代802.11ac协议的室外型双频无线AP（Access Point），支持3×3MIMO，支持2.4GHz和5GHz频率，支持无线网桥，兼容

IEEE802.11a/b/g/n/ac 标准。双频同时提供业务，提供更高的接入容量，具有完善的业务支持能力，完善的用户接入控制能力，高等级的网络安全性，灵活的组网和环境适应能力，简单的设备管理和维护，高可靠性和防护等级等特点，满足室外放装型网络部署要求。

支持 WPA/WPA2/WPA－WPA2－PSK 和 WPA/WPA2/WPA－WPA2－802.1X 认证/加密方式，MAC 访问控制，WEP 加密等安全机制保证数据在公共网络的安全性。独有的防雷设计并满足 TEC61000－4－5 中对用于通信设备防浪涌的要求，能够在室外较恶劣的环境下工作。具有高吞吐量和强劲的负载能力，采用高性能的处理器和无线射频控制技术，确保信号强度和信号质量输出稳定，支持自动功率调整，频率自动调整，负载均衡等功能使得大规模无线组网更加灵活。

（三）智慧监控子系统

智慧路灯集成摄像机，摄像机作为智慧监控系统前端智慧单元，同时支持行为分析和异常侦测。带有云台功能，并可定时设置 360° 图像采集；在满足常规道路监控系统对道路断面全覆盖的视频监控需求以及全天候的高清录像需求的同时，智慧监控系统引入全画面视频检测、视频跟踪、车牌识别等多种业内领先的视频智能技术，还能与应急可视报警设备联动对特定区域进行监控。

（四）环境传感监测子系统

智慧路灯集成的环境传感器（见图 3－12），可实时监测 PM2.5、温度、湿度、大气压、风速、风向、雨量、噪声等环境传感信息。对采集到的实时数据进行分析处理后通过城市发布平台实时发布（LED 显示屏发布及 WIFI 热点提示），方便市民出行，同时为气象局提供基础气象数据，为环保局提供环境污染情况分析数据。

（五）充电桩子系统

智慧路灯集成电动汽车交流充电桩，可为具备车载充电机的电动汽车提供交流电能，使用操作简便，在充电过程中，能够实时显示充电方式、时间、电量及费用信息。

图 3－12 环境传感器

（六）视频语音求助子系统

智慧路灯集成报警求助设备能实现监控中心对外广播和户外分机呼叫监控中心。对外广播能够实现紧急信息、通知、政务、新闻等信息的发布，户外分机呼叫监控中心能够实现急救呼叫。当市民遇到紧急情况需要求助时，按下一键紧急按钮，辖区110指挥中心的平台上会即刻弹出是哪个位置发生报警信息，可以做到快速响应、联网援助、就近出警，城市一键应急报警系统可以有效地打击犯罪分子，在维护城市治安秩序中起到了非常重要的作用。可极大地提高处理突发事件的工作效率，提高政府的办事效率，树立高大的公众形象。视频语音求助子系统如图3－13所示。

图3－13　视频语音求助子系统

LED市政路灯是智能照明技术发展的重要方向，用LED路灯替代以高压钠灯为代表的传统市政路灯，可在保证道路照明质量的前提下节约至少50%以上的电能。大范围推广将直接节省大量电力能源。合理利用市政路灯所在位置可在不占用额外土地资源的前提下，建设电动汽车充电一体化设备，因而比传统的充电站、充电桩的建设具备显著优势。结合城市发展需求，城市微基站信号覆盖受限，直接影响了人们的日常通话使用，通过路灯杆为载体，加装微基站，更有利于基站的覆盖，也为电信运营商解决了重大信号架设的人力物力成本。同时在路灯杆上加装WIFI信号热点，更加方便人们的日常生活出行，也间接为市政道路管理部门提供了视频安全传输的无线信号，不仅节约架设高昂的光纤线缆费用，更便捷提供高速网络，可实时分析道路安全，拥堵情况。随着天气环境污染的程度加重，在路灯杆上加装环境监测装置，更有利于人们对城市生活的环境关注度，提高人们的环保意识。

五、雨水回收利用技术

由于我国年内降水分布很不均衡，一年之中6—9月降水最多，占年降水的64.2%，降雨比较集中，水质较好，具有很大的收集利用的价值。因地制宜采用微型水利工程技术，如房屋屋顶雨水收集技术等。充分利用绿地、道路的透水路面、道路两侧专门用于集雨的透水排水沟、雨水集蓄利用系统、公共建筑集水入渗回补利用系统等在汛期时减少径流产生，减少涝灾的影响。利用地下空间建设雨水收集池，收集存贮雨水。

（一）雨水收集

雨水可根据不同位置进行不同方式的收集。如屋顶雨水由于水质较好，可从排水管或是雨水井直接接入雨水收集池（见图3－14）。而路面雨水可通过铺装的透水砖（见图3－15）、透水路基和垫层进入雨水收集管，然后汇入雨水收集池。透水砖可根据不同的用途，在行车的主路铺装结构性透水砖保证耐用性，在不经常通车的路面采用混凝土透水砖增加透水性。

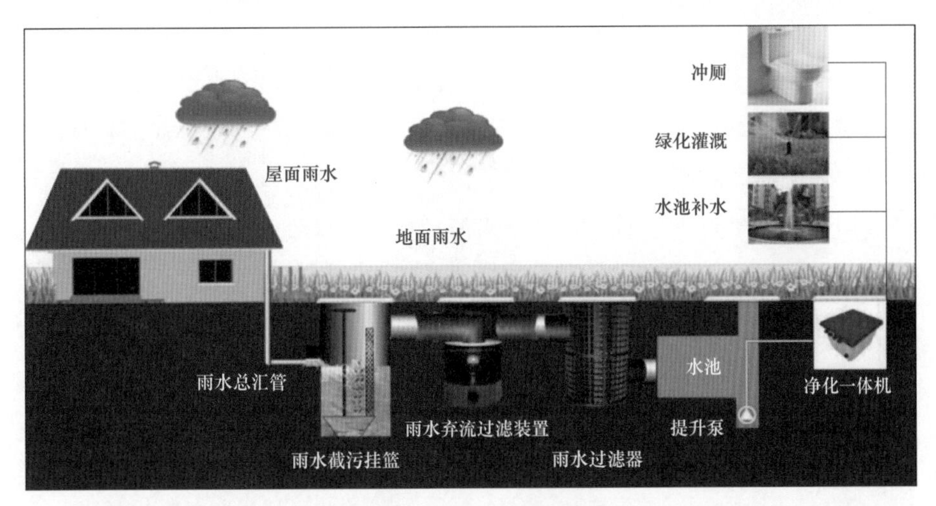

图 3－14　雨水收集示意

图 3－15　结构性透水砖和混凝土透水砖

利用地下空间建设雨水收集池，可根据具体需求采用 PP 模块或硅砂蜂巢收集模块（见图 3－16）。

图 3－16　PP 模块和硅砂蜂巢安装

（二）处理及灌溉补水回用

PP 模块的收集方式可采用网式过滤器加紫外线消毒的方式进行处理，水质可达到回用标准。而硅砂蜂巢可通过本身材质进行过滤和保鲜，出水可直接达到回用标准。两种方式都有反冲洗和 PLC 的控制系统，便于后期的运营管理和维护。

改造后，灌溉用水可利用收集后的雨水进行水源替换，在节省水费的同时也实现了减排的效果。

第四章

公共机构合同能源管理项目融资

第一节　公共机构合同能源管理项目融资模式

在我国公共机构合同能源管理市场的发展过程中，资金不足是合同能源管理市场扩大发展的重要问题之一。要解决资金不足的问题，就需要充分发挥金融市场优势，为合同能源管理市场提供必要的金融支持。

一、合同能源管理项目融资的定义

合同能源管理项目融资是以项目为导向安排的融资。项目融资有广义和狭义两种理解方式，从广义上讲，为了建设一个新项目或改扩建现有项目所进行的融资均可称为项目融资；狭义上的项目融资则专指具有无追索或有限追索形式的融资，即一种为特定项目安排融资并完全以项目自身现金流作为偿付基础的融资方式。合同能源管理项目融资即为基于合同能源管理项目需求，为项目筹集从节能改造审计、节能项目设计、原材料和节能设备的购置以及项目施工、安装、调试、运行等一系列相关服务所需的费用的行为。重点是筹集项目建设资金。

如无特殊说明，本章合同能源管理项目融资均指一般的公司融资，其主要特点是：主要依靠项目发起人的资信来安排融资，且贷款人（资金借出者）对发起人（借款人）拥有完全追索权。所谓追索权，是在借款人不能够按期偿还债务的时候，贷款人可以要求用抵押资产以外的其他资产偿还债务的权力。

二、合同能源管理项目融资渠道

融资渠道，是指企业筹集资金的来源方向与通道。企业最基本的融资渠道有两条：直接融资和间接融资。直接融资，是企业通过发行股票、债券等方式直接从社会取得资金；间接融资，是企业通过银行等金融机构以信贷关系间接从社会取得资金。

项目资金筹集按来源方向划分可分为内部资金和外部资金。内部资金来源主要是股东投入及企业经营积累；外部资金来源主要是银行及非银行金融机构借款、发行债券资金、融资租赁融通资金、项目上下游合作伙伴的商业信用资金、国家投资及财政补贴、其他合作伙伴投资投入等。

合同能源管理项目融资渠道如表 4-1 所示。

表 4－1　　合同能源管理项目融资渠道

融资对象	适用情况
股东	适用于自有资金严重不足，需要增加股东投入，补足项目资本金比例要求
银行等金融机构	适用于收益率较高、款项回收稳定有保障等优质项目
租赁公司	适用范围较广，几种类型的合同能源管理项目均可与租赁公司合作
上下游合作伙伴	适用于较优质的项目，客户、供应商等有意愿参与投资、分享收益或者愿意提供融资性贸易服务获取资金收益（接受分期付款等）
契约合伙人	适用于投资金额大、回收期限长、技术和管理难度较高的项目，通过契约合作，共同投资、共享收益、共担风险

三、合同能源管理项目融资模式

融资模式、是指企业筹集资金所采取的具体形式，它受到法律环境、经济体制、融资市场等融资环境的制约。企业最基本的融资方式有两种：股权融资和债务融资。股权融资形成企业的股权资金，通过吸收直接投资、公开发行股票等方式取得；债务融资形成企业的债务资金，通过银行借款、发行公司债券、利用商业信用等方式取得。

以下重点介绍几种融资模式。

（一）自有资金筹资模式

1. 模式概述

自有资金筹资，是指用企业股东实缴资本金中扣除其他投资、营运资金周转之外的可用于投资的资金以及企业的经营积累形成的可用于合同能源管理项目投资的资金，包含股本及留存收益。

2. 主要筹资特点

自有资金筹资模式的主要特点是使用时具有很大的自主性，基本不受外界的制约和影响；资金使用成本低、快速便捷、无风险；不会稀释原有股东的每股收益和控制权；可以满足对投资项目资本金比例的要求以及外部融资需要的配套支撑要求；但筹资额度有限。

相对于外部融资，它可以减少信息不对称及与此有关的激励问题，节约交易费用，降低融资成本，增强企业剩余控制权。但是，自有资金筹资能力及其增长，要受到企业的盈利能力、净资产规模和未来收益预期等方面的制约。

3. 主要筹资途径

项目自有资金来源途径主要有原股东增资、吸收直接投资、其他可利用的自有资金等。

（1）原股东增资指企业增加注册资本，增资部分由原始股东出资，从而增强企业经济实力。

（2）吸收直接投资是企业以投资合同、协议等形式定向吸收国家、法人单位、自然人等投资主体资金的筹资方式。这种筹资方式不以股票等融资工具为载体，通过签订筹资合同或协议规定双方权利和义务，主要适用于非股份制公司筹集股权资本。

（3）其他可利用的自有资金：企业通过生产经营，所得利润留存而形成的资金积累。该资金数额大小主要取决于企业可分配利润的多少和利润分配政策。

（二）银行或非银行金融机构借款模式

1. 模式概述

银行或非银行金融机构借款，是指企业根据借款合同从银行或非银行金融机构取得资金的筹集方式。国家开发银行、中国进出口银行和中国农业开发银行等是中国目前主要的国家政策性银行，这些政策性银行一般与国家经济倾斜政策高度相关，所以它们提供了各方面、全方位的政策性支持贷款，这些贷款特点是贷款期限比一般商业贷款长，并且针对的扶持对象比较确定。

同时，商业银行信贷是节能服务公司最重要的一项资金来源，也是实施公共机构合同能源管理项目中最主要的融资渠道。这类资金筹集方式广泛适用于各类企业，既可以筹集长期资金，也可以用于短期融通资金。按提供贷款的机构划分，分为政策性银行贷款、商业银行贷款和其他金融机构贷款。按机构对贷款有无担保要求，分为信用贷款和担保贷款。

2. 主要筹资特点

（1）资金成本较低。相对于其他的融资工具，银行贷款是成本最低的一种融资方式，无需支付证券发行费用、租赁手续费等筹资费用。

（2）筹资弹性较大。在借款之前，公司根据当时的资金需求与银行或其他贷款机构直接商定贷款的时间、数量和条件。在借款期间，若公司实施的项目状况发生某些变化，导致资金回款变化，此时可与债权人再协商，变更借款数量、时间和条件，或提前偿还本息。因此，借款筹资对公司具有较大灵活性。

（3）资金来源稳定。一般情况下，企业的借款申请，只要通过了银行的审查，与银行签订了贷款合同，并且满足了贷款的发放条件，银行都是能够及时向企业提供资金，满足企业的融资需求。

但银行贷款融资也有自己的缺陷。一是信贷资金流动性不高，节能服务公司只要贷款成功，往往就被商业银行的贷款限制住，信贷资金取得的资产在同样情况下达不到市场价格，导致没有市场竞争力；二是商业银行信贷不能实时性地对节能服务公司进行项目运作中实际的情况变化做出快速反应。

3. 问题与不足

银行机构融资还存在以下不足。

（1）银行贷款门槛高、程序复杂且限制条款多。为了控制贷款风险，银行往往对企业要求高，并且还需要抵押物，但是不少中小企业缺少抵押物，难以从银行贷款。银行贷款程序复杂，需要经过贷款申请、银行受理审查等多个环节，贷款审批的时间较长。限制条款多，银行借款合同对借款用途有明确规定，通过借款的保护性条款，对公司资本支出额度、再筹资等行为有严格约束，借款后公司的生产经营活动和财务政策将受到一定程度的影响。

（2）我国金融体系缺乏完美的节能融资服务体系。一些商业银行已经开始以“合同能源管理项目未来的节能量产值”做抵押来发放贷款，如：2022年，山东工行为某企业发放817万元“合同能源管理未来收益权质押贷款”，这是山东国有商业金融机构发放的首笔，也是工行系统内发放的首笔，是山东工行在创新推出碳排放权质押贷款、排污权质押贷款、用水权质押贷款、可再生能源补贴确权贷款后的又一绿色金融产品创新。但是受风险估计与控制等因素的影响，这种规模的贷款发放对中国越发壮大的节能服务产业来说也是杯水车薪，国内的整个EPC市场需要更大规模更规范化的节能融资服务体系。

4. 主要贷款方式

（1）信用贷款。信用贷款是指以借款人的信誉或保证人的信用为依据而获得的贷款。公司无须提供财产抵押，但由于风险较高，银行通常要收取较高的利息及附加一定的限制条件。

为支持节能减排，国内商业银行中如华夏银行、招商银行、浦发银行等利用转贷项目进入节能领域；北京银行参与世界二期节能融资担保机制；兴业银行加入国际金融公司的风险分担机制项目；民生银行参加了世界银行的节能转贷项目等。在针对合同能源管理项目的融资模式中，金融机构在融资模式上做了有益的探索与创新，主要有：结合节能服务产业的特点，创新运用项目未来收益权质押，积极为节能服务公司进行信用担保，贷款信用担保期限可以延长到三年；鼓励商业性融资担保机构积极参与节能服务机构的融资担保工作；建立合同能源管理机构与金融机构合作机制等措施。

未来收益质押权是指银行按照一定的贴现比例提前将该项目未来的收益以贴现贷款的形式一次或多次的分发给企业，贷款期限视项目的收款期限而定，以该项目的未来收益作为贷款的还款来源。

（2）资产质押贷款。质押贷款是指贷款人按《担保法》规定的质押方式以借款人或第三人的动产或权利为质押物发放的贷款。可作为质押的质物包括：国库券（国家有特殊规定的除外），国家重点建设债券、金融债券、AAA级企业债券、储蓄存单等有价证券。出质人应将权利凭证交与贷款人。《质押合同》自权利凭证交付之日起生效。

（3）资产抵押贷款。抵押贷款是指按《担保法》规定的抵押方式，以借款人或第三方的财产作为抵押物而取得的贷款。抵押，是指债务人或第三方并不转移对财产的占有，只将该财产作为对债权人的担保。债务人不能履行债务时，债权人有权将该财产折价或者拍卖、变卖的价款优先受偿。

根据我国《担保法》的有关规定，担保贷款分为抵押担保、质押担保和保证担保贷款。在这三者当中，抵押担保贷款在银行和企业间的融资活动中得到广泛的运用，成为我国中小企业贷款的主要类型之一。

资产抵押贷款的优势主要有以下三点。

1）额度高。抵押贷款的金额和抵押物的价值是成正比的。绝大部分企业都是以房地产作抵押，满足抵押贷款的要求。价值相对较低的一些资产，一般不用来作为抵押资产。所以就贷款金额来说，抵押贷款的额度远远高于无抵押贷款。

2）利率低。因为有价值足够的抵押物，所以借款人的利率要低于无抵押贷款。

3）抵押期间，抵押资产的产权仍归借款人：由于抵押人只是赋予抵押权人在不能按期还款的情况下处理其资产的权力，以保证贷款的收回。所以，在抵押期间产权人仍然可以正常地使用其所有的资产。

资产抵押贷款的缺点主要体现在三个方面。

1）门槛高。以房屋抵押贷款为例，考虑到房屋的变现问题，银行通常规定抵押房的年限要在 25 年左右，房屋面积大于 $50m^2$，所以并不是所有的房屋都能做抵押。例如，购买未满 5 年的经适房、小产权房、不能提供购房合同、贷款未还清等房屋都在受限范围内。

2）成本高。常见的房屋贷款，房屋评估需要一段时间，还要支付一定的费用。比如评估费、公证费、抵押登记费或保险费等。

3）抵押物被没收风险。如果因为某些特殊情况没有按时还款的话，势必会面临抵押物被没收的风险。

抵押贷款有优势也有不足，公共机构在开展合同能源管理资金筹集问题中，在申请抵押贷款之前，一定要了解全面。

（4）未来收益权质押融资。未来收益权质押融资是指为实施合同能源管理项目的节能服务公司提供的融资，且该融资以节能服务公司节能服务合同项目未来收益权作为质押。

未来收益权质押融资的特色在于：以未来收益权质押方式进行融资，无需抵押、无需担保。融资期限灵活，一般与节能改造项目运营周期匹配，最长可达 3 年。审批速度快，融资成本低。针对节能服务公司轻资产、投入大、回收慢等业务运营特点，未来收益权质押融资能有效解决中小节能服务公司因担保不足发生的融资难问题。

（5）保理融资。保理融资是指卖方申请由保理银行购买其与买方因商品赊销产生的应收账款，卖方对买方到期付款承担连带保证责任，在保理银行要求下还应承担回购该应收账款的责任，简单地说就是指销售商通过将其合法拥有的应收账款转让给银行，从而获得融资的行为，分为有追索与无追索两种。

有追索的保理融资是指当应收账款付款方到期未付时，银行在追索应收账款付款方之外，还有权向保理融资申请人（销售商）追索未付款项。无追索的保理融资指当应收账款付款方到期未付时，银行只能向应收账款付款方行使追索权。由于提供有竞争力的利率和商品化的信贷服务，保理融资比商业银行贷款困难得多，银行管理也非常严格。

（三）发行公司债券融资模式

1. 模式概述

发行公司债券筹资，是指企业通过依照法定程序发行、约定在一定期限内还本付息的有价证券的发售获取资金的筹资方式。对于企业来说，发行债券融资具有融资成本低、放大融资收益的优点，当下发行债券融资在我国企业中应用较广。

2. 主要筹资特点

（1）债券融资的成本低。以往在比较融资形式优缺点时首先进行的是融资成本的比较，针对企业融资，最为重要的是管控融资，降低企业在发行债券融资时出现财务风险的概率。投资者在投资股票时带来的风险远超于投资债券的风险，致使股权融资产生的财务成本要远远高于企业发行债券融资产生的成本，从此角度不难看到企业发行债券融资的成本是相对较低的。

（2）债券融资可发挥财务杠杆功能，放大融资收益。在经济学领域中存在成本效益原则，即当企业行动所带来的额外效益大于额外成本。企业运用融资去经营管理不仅可以提高企业本身的税后利润，还可以在企业偿还债务持有人资金后提高净利润收入，实现企业利润的财富转移，即从债权人转移到企业所有者，提高大股东的相关权益。

（3）企业的经营决策控制权不会因发行债券融资而改变，发行债券融资有助于企业稳定发展。债券持有者尚未拥有参与发行企业的经营管理决策的权利，这不但维持了股东原有的控制权，避免了股权稀释的局面，而且便于主动调节财务结构。一般而言，债权人只是享有按照合同规定的利率去按时获取本金、利息的权利，而不享受参与企业的生产、经营、管理的权利。

3. 问题与不足

发行企业债券融资模式也存在着一定的障碍和不足。

（1）信息不对称：信息的不对称性具体指在交易谈判时的某一方掌握了相关信息，但是另一方却没有掌握相关信息，或某一方拥有的信息多于另一方拥有的相关信息，这对弱势方的决策产生非常不利的影响。通常在债券市场中，如果债券购买方知道债券融资的风险，就不存在信息不对称，但是实际情况与之相反，债券发行方比债券购买方更加了解项目中存在的风险，这很可能使债券购买方在交易谈判中处于下风。

（2）企业债券融资的制度性约束：我国企业在债券发行时需要进行审批，相关部门对募集资金的使用去向的限制非常严格，往往某些中小企业很难通过发行债券去融资。国家规定企业首次发行债券时规模必须达到以下条件：财务会计制度无漏洞且合乎规范，企业需要具备偿还债务的能力，社会经济效益不能过低，在首次发行企业债券前持续三年盈利。对大部分发行债券融资的企业来说很难满足上述条件，制度性约束需要适当放宽。

（3）企业债券融资的市场性约束：国家积极鼓励国内的个人投资企业债券市场，这将为企业的债券市场注入大量资金，对于企业债券市场的发展来说起到稳固作用。但是需要注意的是我国的企业债券市场的市场体量与规模较小，流动性偏低，造成这种状况的原因有两点，首先是上文提到的公司发行债券融资受到严格的管控，第二是市场的资金供给严重不足，目前市场没有被企业债券市场中的交易主体所激活。

4. 适用债券类别

发行公司债券是一种金融契约，是政府、金融机构、工商企业等直接向社会借债筹措资金时，向投资者发行，同时承诺按一定利率支付利息并按约定条件偿还本金的债权债务凭证。企业能够发行的债券多种多样。

（1）企业债券。发行企业债券的条件有：股份有限公司的净资产额不低于人民币 3000 万元，有限责任公司的净资产额不低于人民币 6000 万元；累计债券总额不超过公司净资产额的 40%；最近三年平均可分配利润足以支付公司债券一年的利息；筹集资金的投向符合国家产业政策和行业发展方向，所需相关手续齐全。用于固定资产投资项目的，应符合固定资产投资项目资本金制度的要求，原则上累计发行额不得超过该项目总投资的 60%。用于收购产权（股权）的，比照该比例执行。用于调整债务结构的，不受该比例限制，但企业应提供银行同意以债还贷的证明；用于补充营运资金的，不超过发债总额的 20%；已发行的企业债券或者其他债券未处于违约或者延迟支付本息的状态；最近 3 年没有重大违法违规行为。

（2）可转换债券。上市公司发行可转换公司债券，除了应满足增发股票的一般条件，还应当符合以下条件：最近 3 个会计年度加权平均净资产收益率平均不低于 6%，扣除非经常性损益后的净利润与扣除前的净利润相比，以低者作为加权平均净资产收益率的计算依据；本次发行后累计公司债券余额不超过最近一期期末净资产额的 40%；最近 3 个会计年度实现的年均可分配利润不少于公司债券 1 年的利息。

除此之外，公司还可以发行可交债、资产支持证券、房地产信托投资基金、垃圾债等方式进行债权融资。发行信用债券，如绿色公司债券（简称绿色债券），是指将所得资金专门用于资助符合规定条件的绿色项目或为这些项目进行再融资的债券工具。相比于普通债券，绿色债券主要在四个方面具有特殊性：债券募集资金的用途、绿色项目的评估与选择程序、募集资金的跟踪管理以及要求出具相关年度报告。宜以集团总部发行，各所属单位按合同能源管理项目是否符合绿色债券目录条件的要求申请使用筹集的资金。

（四）融资租赁模式

1. 模式概述

融资租赁，也称为资本租赁或财务租赁，是指企业与租赁公司签订租赁合同，从租赁公司取得租赁物资产，通过对租赁物的占有、使用取得资产的筹资方式。融资租赁方式不直接取得货币资金，通过租赁信用关系，直接取得实物资产，快速形成生产经营能力，然后通过向出租人分期交付租金方式偿还资产的价款及利息费用，它是以融通资金为主要目的的租赁。融资租赁业务具有以下特征：一是出租的设备根据承租企业提出的要求决定，由承租企业直接选定；二是租赁期较长，接近于资产的有效使用期，在租赁期间双方无权取消合同；三是由承租企业负责设备的维修、保养；四是租赁期满，按事先约定的方法处理设备，或退还或以很少的“名义价格”留购。

2. 主要筹资特点

融资租赁是市场经济发展到一定阶段而产生的一种适应性较强的融资方式，于20世纪50年代产生于美国，由于它适应了现代经济发展的要求，所以在20世纪六七十年代迅速在全世界发展起来，很快成为企业更新设备的主要融资手段之一，被誉为“朝阳产业”。我国20世纪80年代初引进这种业务方式后，三十多年来也得到迅速发展，但与发达国家相比，租赁的优势还远未发挥出来，市场潜力很大。

融资租赁和传统租赁一个本质的区别是：传统租赁以承租人租赁使用物件的时间计算租金，而融资租赁以承租人占用融资成本的时间计算租金。

融资租赁除了融资方式灵活的特点外，还具备融资期限长，还款方式灵活、压力小的特点。在还款方面，企业可根据自身条件选择分期还款，极大地减轻了短期资金压力，防止企业的资金链发生断裂。

融资租赁虽然以其门槛低、形式灵活等特点非常适合中小企业解决自身融资难题，但是它却不适用于所有的企业。融资租赁比较适合生产、加工型企业。特别是那些有良好销售渠道，市场前景广阔，但是出现暂时困难或者需要及时购买设备扩大生产规模的企业。

融资租赁的特征可归纳为五个方面。

（1）租赁物由承租人决定，出租人出资购买并租赁给承租人使用，并且在租赁期间内只能租给一个企业使用。

（2）承租人负责检查验收制造商所提供的租赁物，对该租赁物的质量与技术条件出租人不向承租人做出担保。

（3）出租人保留租赁物的所有权，承租人在租赁期间支付租金而享有使用权，并负责租赁期间租赁物的管理、维修和保养。

（4）租赁合同一经签订，在租赁期间任何一方均无权单方面撤销合同。只有租赁物毁坏或被证明为已丧失使用价值的情况下方能中止执行合同，无故毁约则要支付相当重的罚金。

（5）租期结束后，承租人一般对租赁物有留购和退租两种选择，若要留购，购买价格可由租赁双方协商确定。

3. 问题与不足

（1）融资租赁的利率相对较高。由于融资租赁公司需要承担资产的购买和管理成本，因此其收取的租金往往比银行贷款的利率高出不少。这对于企业来说，意味着更高的融资成本，可能会影响企业的盈利能力。

（2）融资租赁的租赁期较长。融资租赁的租赁期一般较长，一般为3年以上，而且在租赁期内，企业很难对租赁的资产进行变更或升级。这对于企业来说，可能会限制其业务的发展和创新能力。

（3）融资租赁的风险较高。由于融资租赁公司拥有租赁资产的所有权，一旦企业无法按时支付租金，融资租赁公司有权收回资产。这对于企业来说，可能会导致资产流失和业务中断，对企业的经营造成不利影响。

（4）融资租赁的税收优惠存在限制。虽然融资租赁可以通过租金抵扣来降低企业的税负，但是这种税收优惠存在一定的限制。例如，对于某些类型的资产，如房地产和土地，税收优惠可能会受到限制，从而影响企业的融资成本和税负。

4. 主要方式

（1）简单融资租赁。简单融资租赁是指由承租人选择需要购买的租赁物件，出租人通过对租赁项目风险评估后出租租赁物件给承租人使用。在整个租赁期间承租人没有所有权但享有使用权，并负责维修和保养租赁物件。出租人对租赁物件的好坏不负任何责任，设备折旧在承租人一方。

（2）回租融资租赁。回租租赁是指设备的所有者先将设备按市场价格卖给出租人，然后又以租赁的方式租回原来设备的一种方式。回租租赁的优点在于：一是承租人既拥有原来设备的使用权，又能获得一笔资金；二是由于所有权不归承租人，租赁期满后根据需要决定续租还是停租，从而提高承租人对市场的应变能力；三是回租租赁后，使用权没有改变，承租人的设备操作人员、维修人员和技术管理人员对设备很熟悉，可以节省时间和培训费用。设备所有者可将出售设备的资金大部分用于其他投资，把资金用活，而少部分用于缴纳租金。回租租赁业务主要用于已使用过的设备。

（3）杠杆融资租赁。杠杆租赁的做法类似银团贷款，是一种专门做大型租赁项目的有税收好处的融资租赁，主要是由一家租赁公司牵头作为主干公司，为一个超大型的租赁项目融资。首先成立一个脱离租赁公司主体的操作机构——专为本项目成立资金管理公司提供项目总金额20%以上的资金，其余部分资金来源则主要是吸收银行和社会闲散游资，利用 100%享受低税的好处“以二博八”的杠杆方式，为租赁项目取得巨额资金。其余做法与融资租赁基本相同，只不过合同的复杂程度因涉及面广而随之增大。由于可享受税收好处、操作规范、综合效益好、租金回收安全、费用低，一般用于飞机、轮船、通信设备和大型成套设备的融资租赁。

（4）委托融资租赁。一种方式是拥有资金或设备的人委托非银行金融机构从事融资租赁，第一出租人同时是委托人，第二出租人同时是受托人。这种委托租赁的一大特点就是让没有租赁经营权的企业，可以“借权”经营。电子商务租赁即依靠委托租赁作为商务租赁平台。第二种方式是出租人委托承租人或第三人购买租赁物，出租人根据合同支付货款，又称委托购买融资租赁。

（5）项目融资租赁。承租人以项目自身的财产和效益为保证，与出租人签订项目融资租赁合同，出租人对承租人项目以外的财产和收益无追索权，租金的收取也只能以项目的现金流量和效益来确定。出卖人（即租赁物品生产商）通过自己控股的租赁公司采取这种方式推销产品，扩大市场份额。通信设备、大型医疗设备、运输设备甚至高速公路经营权都可以采用这种方法。

（6）经营性租赁。在融资租赁的基础上计算租金时留有超过 10%以上的余值，租期结束时，承租人对租赁物件可以选择续租、退租、留购。出租人对租赁物件可以提供维修保养，也可以不提供，会计上由出租人对租赁物件提取折旧。

（7）国际融资转租赁。租赁公司若从其他租赁公司融资租入的租赁物件，再转租给下一个承租人，这种业务方式叫融资转租赁，一般在国际间进行。此时业务做法同简单融资租赁无太大区别。出租方从其他租赁公司租赁设备的业务过程，由于是在金融机构间进行的，在实际操作过程中，只是依据购货合同确定融资金额，在购买租赁物件的资金运行方面始终与最终承租人没直接的联系。在做法上可以很灵活，有时租赁公司甚至直接将购货合同作为租赁资产签订转租赁合同。这种做法实际是租赁公司融通资金的一种方式，租赁公司作为第一承租人不是设备的最终用户，因此也不能提取租赁物件的折旧。

例如：某医院能源托管合同能源管理项目，托管方打包年支付托管费 685 万元，托管期 10 年，期满后，受托方投资提供的设备设施无偿移交托管方。受托方负责节能设计改造、运维、能源供应等一条龙服务，受托方将节能改造范围划分，自投资 185 万元，其余部分由受托方的供应商出资建设，完工验收后移交节能公司使用，双方约定节能公司融资租赁供应商提供的资产设施，租赁期 10 年，期满后无偿移交节能公司，节能公司每年支付租赁费用。

（五）融资性售后租回模式

1. 模式概述

融资性售后租回，是指承租方以融资为目的将资产出售给经批准从事融资租赁业务的企业后，又将该项资产从该融资租赁企业租回的行为。融资性售后回租业务中承租方出售资产时，资产所有权以及与资产所有权有关的全部报酬和风险并未完全转移，且承租人在资产转移给出租人之前已经取得标的资产的控制。融资性售后租回交易（交易中资产转让不属于销售），实质是融资租赁公司提供的贷款服务行为。

2. 主要筹资特点

售后租回是一种集销售和融资为一体的特殊形式，是企业筹集资金的新型方法，通常指企业将现有的资产出售给其他企业后，又随即租回的融资方式，它是常用的筹资方式之一。在售后租回交易中，承租人与出租人都具有双重身份，进行双重交易，形成资产价值和使用价值的离散现象，具体表现在以下几个方面。

（1）交易业务的双重性。售后租回交易双方具有业务上的双重身份，因而业务处理上具有重叠性。其一，资产销售方同时又是承租人，一方面企业通过销售业务实现资产销售，取得销售收入；另一方面又作为承租方，向对方租入资产用于生产过程，从而实现资产价值和交换价值，具有经济业务的双重身份。其二，资产购买者同时又是出租方，企业通过购买对方单位的资产取得资产所有权，同时又作为出租方转移资产使用权，取得资产使用权转让收入，实现资产的使用价值的再循环，具有业务上的双重性，是融资产销售和资产租赁为一体的特殊交易行为。

（2）资产价值转移与实物转移相分离。在售后租回的交易过程中，出售方对资产所有权转让并不要求资产实物发生转移，因而出售方（承租方）在售后租回交易过程中可以不间断地使用资产。作为购买方即出租方，则只是取得资产的所有权，取得商品所有权上的风险与报酬，并没有在实质上掌握资产的实物，因而形成实物转移与价值转移的分离。

（3）资产形态发生转换。售后租回交易是承租人在不改变其对租赁物占用和使用的前提下，将固定资产及类似资产向流动资产转换的过程，从而增强了长期资产价值的流动性，促进了本不活跃的长期资金发生流动，提高了全部资金的使用效率。这样，一方面解决了企业流动资金困难的问题，另一方面盘活了固定资产，有效地利用现有资产，加速资金再循环，产生资本扩张效应。

（4）资产转让收益的非实时性。《企业会计准则——租赁》规定，卖主（即承租人）不得将售后租回损益确认为当期损益，而应予递延，分期计入各期损益。一般认为，资产转让收益应计入当期损益，而在售后租回交易中，资产的售价与资产的租金是相互联系的，因此，资产的转让损益在以后各会计期间予以摊销，而不作为当期损益考虑。这样做的目的是为了防止承租人利用这种交易达到人为操纵利润的目的，同时避免承租人由于租赁业务产生各期损益的波动。

3. 主要方式

（1）项目整体资产售后租回。

项目整体资产售后租回，是指卖主（即承租人）将一项自投或外购的整体项目卖出后，又将该资产从买主（即出租人）租回。在售后租回方式下，卖主同时是承租人，买主同时是出租人。通过售后租回交易，资产的原所有者（即承租人）在保留对资产的占有权、使用权和控制权的前提下，将固定资产转化为货币资本，在出售时可取得全部价款的现金，而租金则是分期支付的，从而获得了所需的资金。而资产的新所有者（即出租人）通过售后租回交易，找到一个风险小、回报有保障的投资机会。

例如：某机关智慧电厨房托管项目，年收取租金及托管服务费，租赁及托管期 7 年，期满电厨房设备无偿移交用户。节能服务公司自投建设完成后，直接以工程决算审计金额出售给租赁公司并租回，租期 7 年，费率五年期 LPR，期满资产所有权归属节能公司。

（2）项目部分资产售后租回。

项目部分资产售后租回，是指卖主（即承租人）将一项自投或外购的部分项目卖出后，又将该部分资产从买主（即出租人）租回。

（六）商业信用融资模式

1. 模式概述

商业信用融资，是指企业之间在商品或劳务交易中，以延期付款或预收货款进行购销活动所形成的借贷信用关系，是企业间的直接信用行为，也是企业短期资金的一种重要的和经常性的来源方式。

2. 主要筹资特点

（1）商业信用容易获得。商业信用的载体是商品购销行为，对大多数企业而言，应付账款和预收账款是自然的、持续的信贷形式。商业信用的提供方一般不会对企业的经营状况和风险作严格的考量，企业无需办理像银行借款那样复杂的手续便可取得商业信用，有利于应对企业生产经营资金的短缺。

（2）企业有较大的机动权，可以选择金额、期限、延期等。企业能够根据需要，选择决定筹资的金额大小和期限长短，要比银行借款等其他方式灵活得多。甚至如果在期限内不能付款或交货时，一般还可以通过与客户协商，请求延长时限。

（3）限制条件少，一般无须提供担保。与其他筹资方式相比，商业信用筹资限制条件较少，选择余地较大，条件比较优越。商业信用筹资不需要第三方担保，也不会要求筹资企业用资产进行担保。这样，在出现逾期付款或交货的情况时，可以避免像银行借款那样面临的抵押资产被处置的风险，企业的生产经营能力在相当长的一段时间内不会受到限制。

（4）容易受外部环境影响，来源、数额不稳定。商业信用筹资受外部环境及合作方状况影响较大，稳定性较差，即使不考虑机会成本，也是不能无限利用的。商业信用筹资一般只能筹集小额资金，而不能筹集大量的资金。

（5）筹资成本较高。如果企业放弃现金折扣，必须付出非常高的资金成本。且由于商业信用筹资属于临时性筹资，其筹资成本一般比银行信用要高。商业信用的期限短，还款压力大，对企业现金流量管理的要求很高。如果长期和经常性地拖欠账款，会造成企业的信誉恶化。

3. 主要方式

（1）应付账款分期付款融资。对于融资企业而言，意味着放弃了现金交易的折扣，同时还需要负担一定的成本，因为往往付款越早，折扣越多；

（2）商业票据融资，即企业在延期付款交易时开具的债权债务票据。对于一些财力和声誉良好的企业，其发行的商业票据可以直接从货币市场上筹集到短期货币资金；

（3）预收货款融资，这是买方向卖方提供的商业信用，是卖方的一种短期资金来源，信用形式应用非常有限，仅限于市场紧缺商品、买方急需或必需商品、生产周期较长且投入较大的建筑业、重型机械制造业等。

（七）契约式投资模式

1. 模式概述

契约式投资模式，是指项目发起人为实现共同目的，根据合作协议结合在一起，并根据各自约定的出资比例，持有项目全部不可分割的资产，同时享有项目收入、利润及风险。契约式投资结构是投资者之间建立的一种契约性质的合作关系。相较于其他筹集方式，易于引入优质的投资者，共同融资、共同解决技术和管理问题并共同承担风险，同时又不会失去对项目的控制权。项目投资者可以是法人、也可以是自然人；可以是用能单位，也可以是项目的设备供应商等。

2. 主要筹资特点

（1）适合单体项目融资。

（2）灵活，筹资弹性大。

（3）筹资成本很低，不增加表内负债。

（4）透过分散形式集腋成裘，投资者作小额投资，就可以间接参与投资市场交易，投资途径得以扩大，令投资更加灵活。

（5）可获专业协助：借着专业公司的人力资源，以及投资公司的投资经验，投资者无须因顾虑自己经验不足而避免多方面投资。

（6）透过分散投资，可有效扩大投资途径。

3. 主要合作方式

（1）按出资比例共享收益，共担风险。

（2）按合作协议约定分享效益及承担风险。例如：某政府办公楼能源托管项目，托管期 10 年，前 5 年年托管费 350 万元，后 5 年年托管费 110 万元，节能服务与第三方按比例共同投资，约定前 3 年托管费归属节能服务公司，后 7 年托管费归属第三方。

第二节　公共机构合同能源管理项目融资问题对策

一、公共机构合同能源管理项目融资难的主要原因

（一）合同能源管理资产机制的特殊性

合同能源管理项目资产在合同期满后将被无偿转让给用能单位，导致很多项目形成的工程实体或机器设备不被银行认可为可供抵押的资产。而节能服务公司多数都是轻资产运营，缺少可以作为抵押的资产，这一现实加大了向银行申请贷款的难度。

（二）融资模式较为单一

合同能源管理商业化推广过程中，虽然已经采用了多种融资方式，其中包括银行借贷、融资租赁、商业信用、股权融资等。这些融资方式的采用，为合同能源管理项目融资的顺利实施以及确保节能服务公司资金来源的稳定做出了积极贡献，并且为项目融资的实施有效实现了风险的分担，但总体而言，合同能源管理项目主要资金来源仍然是节能服务公司自有资金，银行贷款占合同能源管理当前市场融资总额的比例有限，其他融资方式所占比例也非常有限。

（三）资金借贷门槛相对较高

尽管近年政府连续出台了一系列有益于合同能源管理项目融资的政策与办法，但对于大部分金融机构来说，合同能源管理项目融资仍属于新兴信贷业务。无论从专业技术的角度还是从项目投资评估方法看，都还没有形成专业、成熟的信贷业务，审批成本也相对较高。而且，由于节能服务公司绝大多数为中小规模，轻资产以及缺乏相应的融资担保，使得借贷银行承担较大的投资风险。因此，对合同能源管理项目的资金借贷还持相当谨慎的态度，没有达到一定信用等级或银行贷款要求的节能服务公司很难从商业银行获得资金借贷。

（四）融资风险大

合同能源管理项目本身具有“用能客户零投资，零风险的特点”。节能服务公司为了成功实施合同能源管理项目，与用能客户分享未来的节能收益，从项目开始的节能改造审计、节能项目设计、原材料和节能设备的购置，到项目施工、安装、调试、运行等一系列相关服务所需的费用，通常由节能服务公司全部承担。节能服务公司进行合同能源管理项目融资时，通常是以节能项目未来的节能收益作为债务偿还的保证。因此，节能服务公司不但承担着项目能否成功实施的风险，同时还承担着用能客户到期不能支付节能收益的信用风险，以及还面临着项目融资可能面临的各种潜在风险。

（五）节能服务公司自身的问题

中国节能协会节能服务产业委员会发布的《2022 节能服务产业发展报告》显示：截至 2022 年年底，全国从事节能服务业务的企业数量达到 11835 家。但由于初期备案的门槛相对偏低，因而已备案的公司一般以轻资产、可抵押资产少、缺乏良好的担保条件为特征，而且也存在运营效率和管理水平低、缺乏自主知识产权、人才匮乏，以及金融素质偏低等问题。而 EMC 项目参与主体众多，面临着市场以及政策环境的不确定性，银行等金融机构缺乏节能技术专业评估能力，认为合同能源管理属于高风险业务，这在一定程度上影响了金融机构为节能服务公司提供融资的积极性，节能服务公司如何提高自己的信誉度来获得银行等金融机构的融资支持是国内 EMC 项目发展面临的首要问题。

（六）合同能源管项目投资回收期长，资金回笼慢

国内 EMC 项目的合同期一般为 3 到 5 年，甚至更长，这就造成无法快速回笼资金的后果，当节能服务公司同时开展多个 EMC 项目时就可能会出现资金短缺的现象。同时合同能源管理项目节能投资收益可计量的回报时间较长，前期就需要节能服务公司垫付大量的资金，这就决定了节能服务公司未来必然要向金融方向发展，银行、风险投资、保险机构的进入，是解决合同能源管理融资难问题的重要出路，但这样又会造成节能服务公司和金融单位的竞争，降低金融单位为其提供贷款的主观意

愿度。

（七）我国金融体系缺乏完善的节能融资服务体系

金融政策体制建设方面，相关的法律制度不够完善。法律法规是所有新事物发展的重要保障，对于合同能源管理项目的发展来讲，法律体系不健全会增加金融机构在开展金融支持过程中的政策和法律风险，增加金融机构风险识别决策的难度，抑制金融机构对合同能源管理项目的参与度。从现状分析中，可以看出我国合同能源管理项目业务规模不断增加，但是金融业的信贷支持力度还不够。虽然国家大力提倡企业开展绿色信贷业务，但商业银行为了保持自己的盈利性，降低经营风险，会减少对项目的贷款，间接渠道就会受阻。发行绿色债券的标准比较高，非金融机构往往达不到要求的相关标准，使得其融资成本增大，直接融资渠道受阻。

二、公共机构合同能源管理项目融资难的解决方法

（一）提高节能量可信度

合同能源管理本身是一种很好的节能机制，但现阶段的节能服务公司大多数存在规模小、信用等级低、管理不到位等问题，阻碍了其融资工作的开展。要想顺利获得融资支持业务发展，必须让对方确信自己节能量可信，拥有足够的还款能力。这就要求节能服务公司首先要提升自身的实力，以良好的节能量经营业绩提高融资可信度。此外，节能服务公司自身的规范管理必不可少，因为公司自身的管理水平也是银行等金融机构融资审查工作中的重要内容之一。节能服务公司需要建立现代化的管理方式，健全财务管理制度，依法规范企业的经营行为，从而提高自身的信用等级，减少融资过程中的障碍。

（二）履约担保机制

履约担保是担保公司承诺一旦在该项担保的受保人履行了其所应履行的合同义务之后，保证人将保证合同中有关货款支付、货物供应等结算条款或违约金支付条款得到执行，从而有效地避免或降低供需双方在交易过程中的风险，维护债权人的合法权益。

（三）完善会计制度

节能服务性企业在进行融资时，其资产规模、资信等级都是一个无法回避的问题。无论是进行何种手段的融资，更大的资产规模对于企业来说，都可以获取更多的资金，降低资金成本，而企业的资产规模在一定程度上受到会计核算方法的影响。根据 EMC 的运营机制，节能设备的采购、安装、运营维护等都由节能服务企业来完成，但这些设备实质上是交由用能单位来持有、使用的。但由于未来

的节能金额存在一定的不确定性，销售收入无法在项目验收时确认，而是在合同执行期间分期确认。这种操作导致的结果是，节能服务公司的资产值持续增大，销售收入偏低，当期的损益不理想，直接影响了金融机构对企业经营情况和资产价值的判断。在境外的会计行业对这类业务的处理方式通常可以通过评估来解决，通过评估的方式一方面可以解决企业在项目验收当期无法及时确认销售收入而导致经营业绩不理想的问题，另一方面也为下一步的融资提供了更有力的依据。

（四）利用融资租赁业务模式

在 EMC 运营机制下，原本节能企业需要支出一大笔设备花费，这给企业造成巨大的资金压力，不利于下一步的会计核算及融资活动。节能企业在寻找合适金融企业或者银行贷款无果后，势必需要通过减少开支来降低成本，保证正常良性运营，扩大经营收益。因此，整个 EMC 项目需要融资租赁公司的参与，融资租赁公司的意义在于在不会影响节能公司和用能单位的前提下，通过购买设备并且出租给节能企业的方式，来帮助节能公司平缓现金流量，从而减少了许多不必要麻烦。此外，融资租赁方式在减少开支的同时，可以有效为节能公司实现风险的转移。

（五）利用应收账款质押进行融资

近几年，金融界也在致力解决节能公司的融资难问题。在会计报表无法提供相关支撑的情况下，部分金融单位通过对节能合同的分析，同意企业采用应收账款质押进行融资。如果说应收账款是企业被无息占用的资金，那么进行质押则从另一个途径完成了资金的回收。因而利用应收账款进行质押融资，也是一个很好的选择，加大了资金的回流速度，且较固定资产来说，应收账款的易变现率更高，因而融资风险更小。不少银行都提供应收账款质押业务，使得这一融资方式的可操作性很高。

（六）加大配套资金投入

对于实施合同能源管理项目的企业来说，资金回收期较长导致项目长期消耗企业资金，企业面临筹措困难、资金成本较高等问题。同时，企业的不断续贷行为会造成整个资金链的断裂，加大贷款风险，企业资金能力大大削弱。一旦银行收回贷款后政策变动，导致银行惜贷，那么企业就无法将贷款延期。所以，增加配套的资金支持，企业的资金压力将大大减少。

第五章

公共机构合同能源管理项目税收分析

第一节　合同能源管理项目税收历史沿革

我国合同能源管理制度可追溯到2010年，《国务院办公厅转发发展改革委等部门关于加快推行合同能源管理促进节能服务产业发展意见的通知》（国办发〔2010〕25号），文件充分认识推行合同能源管理、发展节能服务产业的重要意义，明确了指导思想、基本原则和发展目标，提出了完善促进节能服务产业发展的政策措施，以及加强对节能服务产业发展的指导和服务。

同年，国家标准化管理委员会发布的《GB/T 24915—2010 合同能源管理技术通则》规定了合同能源管理的技术要求和节能效益分享型合同文本，并明确了合同能源管理的定义等相关内容。2020年3月，更新为《GB/T 24915—2020 合同能源管理技术通则》，并补充了“节能量保证型”“能源费用托管型”合同文本等内容。

一、税收优惠政策汇总

为促进合同能源管理项目的发展，2010—2016年，国家税务总局等有关部门陆续出台了相关税收制度与优惠政策。

（1）财政部 国家税务总局 国家发展改革委《关于公布环境保护节能节水项目企业所得税优惠目录（试行）的通知》（财税〔2009〕166号）；

（2）国务院办公厅转发发展改革委等部门《关于加快推行合同能源管理促进节能服务产业发展意见的通知》（国办发〔2010〕25号）；

（3）财政部 国家税务总局《关于促进节能服务产业发展增值税营业税和企业所得税政策问题的通知》（财税〔2010〕110号）；

（4）国家税务总局 国家发展改革委《关于落实节能服务企业合同能源管理项目企业所得税优惠政策有关征牧管理问题的公告》（2013年第77号）；

（5）财政部 国家税务总局《关于在全国开展交通运输业和部分现代服务业营业税改征增值税试点税收政策的通知》（财税〔2013〕37号）；

（6）财政部 国家税务总局《关于全面推开营业税改征增值税试点的通知》（财税〔2016〕36号）；

（7）财政部 国家税务总局 国家发展改革委 生态环境部《关于公布〈环境保护、节能节水项目企业所得税优惠目录（2021年版）〉以及〈资源综合利用企业所得税优惠目录（2021年版）〉的公告》（2021年第36号）。2021年12月31日前已进入优惠期的，可按政策规定继续享受至期满为止；企业从事属于《环境保护、节能节水项目企业所得税优惠目录（2021年版）》规定范围的项目，若2020年12月31日前已取得第一笔生产经营收入，可在剩余期限享受政策优惠至期满为止。

上述政策在增值税、所得税等税收上给予了充分的优惠。

二、增值税优惠

1. 合同能源管理服务收入及期满转让收入免征增值税

免征条件如下。

（1）节能服务公司实施合同能源管理项目相关技术应符合《合同能源管理技术通则》规定的技术要求。

（2）节能服务公司与用能企业签订《节能效益分享型》合同，其合同格式和内容，符合《合同法》和国家质量监督检验检疫总局和国家标准化管理委员会发布的《合同能源管理技术通则》等规定。

2. 合同能源管理服务收入适用6%税率

适用条件：节能服务公司与用能单位以契约形式约定节能目标，节能服务公司提供必要的服务，用能单位以节能效果支付节能服务公司投入及其合理报酬。节能服务公司取得的收入来源于节能效果。

三、所得税税收优惠

1. 优惠情形

节能服务收入所得税三免三减半，即自项目取得第一笔生产经营收入所属纳税年度起，第一年至第三年免征企业所得税，第四年至第六年按照25%的法定税率减半征收企业所得税。

2. 免税条件

（1）具有独立法人资格，注册资金不低于100万元，且能够单独提供用能状况诊断、节能项目设计、融资、改造（包括施工、设备安装、调试、验收等）、运行管理、人员培训等服务的专业化节能服务公司。

（2）节能服务公司实施合同能源管理项目相关技术应符合国家质量监督检验检疫总局和国家标准化管理委员会发布的《合同能源管理技术通则》规定的技术要求。

（3）节能服务公司与用能企业签订节能效益分享型合同，其合同格式和内容，符合《合同法》和《合同能源管理技术通则》等规定。

（4）节能服务公司实施合同能源管理的项目符合《财政部 国家税务总局 国家发展改革委关于公布环境保护、节能节水项目企业所得税优惠目录（2021年版）的通知》（2021年36号）“二、节能减排技术改造”类中第一项至第十二项规定的项目和条件。

（5）节能服务公司投资额不低于实施合同能源管理项目投资总额的70%。

（6）节能服务公司拥有匹配的专职技术人员和合同能源管理人才，具有保障项目顺利实施和稳定运行的能力。

第二节　合同能源管理项目增值税分析

《关于全面推开营业税改征增值税试点的通知》（财税〔2016〕36 号，简称 36 号文）明确指出：合同能源管理服务，是指节能服务公司与用能单位以契约形式约定节能目标，节能服务公司提供必要的服务，用能单位以节能效果支付节能服务公司投入及其合理报酬的业务活动。合同能源管理服务收入属于增值税应税服务。

一、增值税税率

"合同能源管理服务"属于"研发和技术服务"，并纳入"现代服务"范畴。一般纳税人适用 6%的税率，小规模纳税人适用 3%的税率。如无特别说明，本章涉税纳税人按一般纳税人考虑。

二、合同能源管理项目增值税分析

（一）节能效益分享型合同能源管理项目

1. 适用税率

符合条件的节能效益分享型合同能源管理项目，自用能客户取得的节能效益适用 6%的税率。

2. 税收分析

（1）财税〔2010〕110 号文，第一条第三款第 2 点及第二条第三款第 3 点均要求："节能服务公司与用能企业签订《节能效益分享型》合同，其合同格式和内容，符合《合同法》和国家质量监督检验检疫总局和国家标准化管理委员会发布的《合同能源管理技术通则》等规定。"满足这个必备条件，用能企业按照能源管理合同实际支付给节能服务公司的合理支出，均可以在计算当期应纳税所得额时扣除，不再区分服务费用和资产价款进行税务处理。也就是节能服务公司可以打包开具 6%增值税税率的"合同能源管理服务"发票给用能单位。

（2）节能效益分享型合同文本，给出了该合同中约定的"节能服务费"及"节能效益"的定义解释，按该合同文本实际执行的业务实质上符合税务文件定义"合同能源管理服务"中用"节能效果"支付、"提供必要的服务"的要求。

（二）节能量保证型合同能源管理项目

1. 适用税率

符合条件的节能量保证型合同能源管理项目，自用能客户取得的节能效益适用6%的税率。

2. 税收分析

节能量保证型合同文本给出了该合同中约定的“节能服务费”及“节能量保证”的定义解释，按该合同文本实际执行的业务实质上符合税务文件定义“合同能源管理服务”中用“节能效果”支付、“提供必要的服务”的要求。

（三）能源费用托管型合同能源管理项目

1. 适用税率

能源费用托管型合同能源管理项目，适用混合税率，即新增配电、供能设备等投资适用13%的税率；新增房屋、建筑物及构筑物投资适用9%的税率；能源费用按照能源费用适用税率；节能效果（含托管的运维服务）按照“合同能源管理服务”适用6%的税率。

2. 税收分析

《GB/T 24915—2020合同能源管理技术通则》的附录C中，对“能源费用托管”的解释是：“合同能源管理的一种形式。由用能单位委托节能服务公司进行能源系统的运行、管理、维护或（和）节能改造。用能单位根据能源基准确定的能源系统运行、管理、维护和能源使用的费用，支付给节能服务公司作为托管费用。节能服务公司通过科学的管理运行和节能技术的应用达到节约能源，减少费用支出或增加收益，获取合理的利润。托管范围可包括：电、气、煤、油、市政热力、水等所发生的费用，能源系统的运行、管理、维护维修费用（含人工、消耗性材料、工具）。”

能源托管费用一般仅包括：能源系统的日常运营、维修维护管理费、消耗性材料费、能源费。托管项目范围内，如需进行节能改造，乙方应当制订专项或者综合节能改造方案。甲、乙双方应当就改造的范围、拟使用的节能技术、产品、投资数额、投资形成的资产所有权、施工时间等问题进行协商，经甲方签字盖章后实施。

供能设备（包括供暖设备、制冷设备、配电室、变压器、风机盘管、管道的设备）的更新改造和大修费用不包括在托管费用之内，应列入甲方的固定资产投资计划，由甲方另行承担。但实际业务中的托管费用可能包括固定资产投资费用，应拆分出来按销售或者融资租赁业务处理。

实际业务中，能源费用托管型项目中存量资产的节能改造可参考节能效益分享型及节能量保证型模式筹划，最大限度范围内享受节能效果6%的税收税率。

（四）融资租赁型合同能源管理项目

1. 适用税率

融资租赁型合同能源管理项目：区分新建的（或部分新建）资产分类，不动产部分税率适用9%，动产部分税率为13%。

2. 税收分析

针对融资租赁型能源管理项目，36号文明确：融资租赁服务，是指具有融资性质和所有权转移特点的租赁活动。即出租人根据承租人所要求的规格、型号、性能等条件购入有形动产或者不动产租赁给承租人，合同期内租赁物所有权属于出租人，承租人只拥有使用权，合同期满付清租金后，承租人有权按照残值购入租赁物，以拥有其所有权。不论出租人是否将租赁物销售给承租人，均属于融资租赁。

按照标的物的不同，融资租赁服务可分为有形动产融资租赁服务和不动产融资租赁服务。不动产租赁服务，税率为9%（2016年5月1日，国家全面实行营改增之后不动产租赁服务税率为11%；2018年5月1日起改为10%；2019年4月1日起改为9%）；提供有形动产租赁服务，税率为13%（2016年5月1日，国家全面实行营改增之后不动产租赁服务税率为17%；2018年5月1日起改为16%；2019年4月1日起改为13%）。

（五）混合型合同能源管理项目

1. 适用税率

适用混合税率，即新增配电、供能设备等投资适用13%的税率；新增房屋、建筑物及构筑物投资适用9%的税率；能源费用按照能源费用适用税率；节能效果（含托管的运维服务）按照“合同能源管理服务”适用6%的税率。

2. 税收分析

混合型合同能源管理项目：区分合同中各项业务，按照各项业务使用不同的税率，可以参考前四种类型中各项业务的税率。不得整体打包税率。常见的有“节能效益分享+能源费用托管”“节能量保证+能源费用托管”“融资租赁+能源费用托管”“融资租赁（分期销售）+能源费用托管+节能效益分享（节能量保证）”等。

第三节　各项履约义务价格确定及实操筹划

一、节能效益分享型、节能量保证型

1. 增值税方面

用能单位支付的节能服务费均为节能效果的体现，全额可确认为节能服务费，适用税率6%，适用税目“研发和技术服务/合同能源管理服务”。非免增值税情况下，项目的节能改造支出均可以抵扣进项税。

2. 所得税方面

（1）节能改造支出均可以在效益分享期或合同期内折旧或摊销，不留残值。

（2）节能效益分享型合同项目如符合所得税免税条件，可享受项目所得“三免三减半”政策。

二、能源费用托管型

能源托管费用仅包含能源系统的日常运营、维修维护管理费、消耗性材料费、能源费。

（1）能源费。按照实际运营中消耗的能源费用对客户结算并开具相应能源种类税率的发票，即实际消耗多少开多少，与支付出去的能源费用及税率一致，如电费，税目可为“供电/能源托管项目电费”等，税率13%。

（2）其余部分（节能服务费）即约定的月度（季度或年度）能源托管费用扣除实际消耗的能源费（视为节能效果＋运维服务），可打包开具，适用税率6%、税目可为“研发和技术服务/合同能源管理服务”等；也可以区分节能效果、运维服务分别开具，适用税率均为6%，运维服务可按现代服务运维服务筹划。

能源托管费用中包括新增“供能设备（包括供暖设备、制冷设备、配电室、变压器、风机盘管、管道的设备）的更新改造和大修费用及其他应客户要求提供的新增资产”的投入费用。这类业务实质为混合型合同能源管理项目。

1. 增值税方面

可以参考图5－1费用构成、区分方式及税率进行对应的税收筹划及处理。

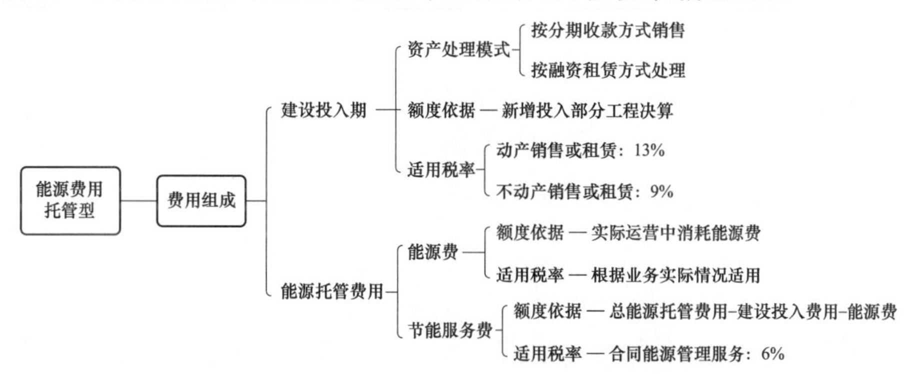

图5－1　能源托管型费用组成、区分方式及税率

2. 所得税方面

新增投入成本可以考虑在能源托管期内分期确认销售成本或折旧、摊销，无残值或余值。该类型合同不满足所得税免税条件。

三、混合型

以项目内含“融资租赁（分期销售）＋能源费用托管＋节能效益分享（节能量保证）”模式进行分析。

1. 增值税方面

（1）非免增值税情况下，项目的节能改造支出均可以抵扣进项税。

（2）增值税处理上，可以参考表 5－1 进行对应的税收筹划及处理。

表 5－1　　　　混合型适用税率

<table>
<tr><th colspan="2">用能单位</th><th colspan="5">节能服务公司</th></tr>
<tr><th>类别</th><th>托管费用组成</th><th>适用税率</th><th>资产处理方式</th><th>额度区分依据</th><th>税目</th><th>备注</th></tr>
<tr><td rowspan="6">能源托管费用</td><td>新增投入分期回款或租赁回款</td><td rowspan="2">不动产部分：9%
动产部分：13%</td><td rowspan="2">分期收款的销售；融资租赁资产进行处理等</td><td rowspan="2">新增投入部分的工程决算（第三方审计机构审计）＋合理利润</td><td rowspan="2">××货物/租赁服务</td><td rowspan="2">实务中，建议以工程决算（不含税）为依据进行，按适用税率对客户出票，或者在合同中约定新增资产投资额，将该部分的利润转移到能源托管及节能改造产生的节能效果上去，降低税负</td></tr>
<tr><td>新增投入合理利润</td></tr>
<tr><td>能源费</td><td>电费：13%
水、燃气、蒸汽等：9%
（差额征税 3%）</td><td></td><td>参考实际消耗能源费用</td><td>供电/能源托管项目（电费、水费）等</td><td></td></tr>
<tr><td>运维费</td><td rowspan="3">6%</td><td></td><td>客户合同约定或不区分运维、打包在合同能源管理服务</td><td>现代服务/运维服务</td><td rowspan="3">运维可单独开具，也可并入合同能源管理服务</td></tr>
<tr><td>节能效果－能源费用托管节约部分</td><td rowspan="2">自行出资改造，视同自有资产管理、折旧、摊销，期满无偿移交</td><td rowspan="2">总体能源托管费用扣除上述单列的部分</td><td rowspan="2">研发和技术服务/合同能源管理服务</td></tr>
<tr><td>节能效果－节能改造产生的节能效益</td></tr>
<tr><td>节能效果分享</td><td>节能效果－分享（能源费用托管＋节能改造）节约效果</td><td>不开票</td><td></td><td></td><td></td><td>已体现在承诺用能单位降低的能耗费用，无需再出票</td></tr>
</table>

2. 所得税方面

（1）节能改造支出可以在效益分享期或合同期内折旧或摊销，不留残值。

（2）新增投资投入成本的确认可以在效益分享期或合同期内分期确认成本、折旧或摊销，不留残值。

（3）该类型合同不满足所得税免税条件。

第四节　合同能源管理项目常见增值税涉税税率及差异处理筹划

一、合同能源管理项目常见增值税涉税税率

（1）按照节能效果支付节能服务公司相关投入及合理报酬的，可按照合同能源管理 6%的税率计

销项税；

（2）收入按投资额及固定收益比例确定的租赁型项目，可参照租赁计销项税，其中不动产部分税率为9%，动产部分税率为13%；

（3）收入按实际用能量确认的，应根据实际用能情况确定，其中电力税率为13%，自来水、暖气、冷气、热水、煤气、石油液化气、天然气、沼气等税率为9%，其他货物税率为13%；

（4）项目运维服务、技术咨询及服务等单独收费的可以按照6%计销项税；

（5）以上合同能源管理项目收入，应区分开确认，若不能明确分开收入额的，销项税率应从高计列，未从高计列的存在税收风险。

二、合同约定与实际执行差异处理筹划

公共机构的合同能源管理项目，合同中多约定一个汇总的能源托管费，税率要么不约定、要么约定为6%，或者是托管方只要求6%税率的服务发票，这就给节能公司会计核算和税收带来了挑战和风险。为规避税差税收风险，在会计核算和税务处理上可做如下筹划。

（1）按客户要求开具相应税率的增值税专票或普票；开票当月的会计核算可以先按不含税金额确认收入和销项税。

（2）根据合同约定结合业务实际区分托管费用的构成。

（3）根据合同约定的结算周期、结算模式、每期托管费用以及本周期实际能源费用消耗情况，计算能源托管费用中的能源费用、新增投入资产应摊销或分配的投资成本额度。

（4）比较能源费税率差、设备或不动产投资与6%的税率差。

（5）以不含税的周期能源费用、应摊销或分配的投资成本额度等税率差，计算应补缴税款。

（6）进行账务处理，核减营业收入，补计补缴增值税。

（7）纳税申报处理，将该部分补缴增值税作为未开具发票部分填列在“增值税纳税申报表附列资料（一）”。

案例分析

某市人民医院坐落在该市主城区中心地带，古城十景之一的百荷公园旁，占地面积7.8万平方米，建筑面积13.5万平方米。医院始建于1970年，为该市唯一一所“三级甲等”综合性医院，是该市医疗、教学、科研、急救和健康管理中心。医院正在新建外科大楼，需要增容配电系统。本项目整体实施采用合同能源管理费用托管+工程模式，综合能源公司以契约形式约定承包整体运维费的方式为医院提供节能服务，新建外科配电工程由医院投资建设，发包价格825万。

该项目能耗基准值1105.2万元，发包年托管费用1059.5万元，托管费用包含“约定管理范围的运

行费用、维护费用、项目建设时投入的方案设计、设备材料及施工安装等费用，以及能源费用、管理费、利润、税金等”，每月支付月度托管费，税率 6%；托管期 10 年，自改造完成投运之日起计算；综合能源改造工程、智慧运营综合能效平台，改造投资 488 万元；另新建外科大楼的电费单独计量，由综合能源公司代收代付。

该项目节能改造后运行数据如下：年度能源费 865 万元，其中电费 665 万元、水费 30 万元、燃气费 170 万元（见表 5–2）。新建外科大楼电费 452 万元，月度结算。

如表 5–3 所示，从发包年托管费用 1059.5 万元及托管费用范围判断，该项目为能源费用托管型合同能源管理项目；从项目能耗基准值 1105.2 万元、发包年托管费用 1059.5 万元判断，该项目又具有节能效益分享因素，因此该项目可以判定为混合型合同能源管理项目。合同期内医院分享的节能效益已直接体现在能耗基准值与发包年托管费用差额上，医院年分享效益不再包含在年托管费用中，因此综合能源公司无需在此部分开票结算。该项目节能改造范围内无新增应归属医院投资的设备支出，均为节能改造支出，此部分节能改造支出为综合能源公司为达到节约效果而发生的“成本”支出，无需向客户单独结算。因此，该托管费用的构成可拆分为：能源费用、节约效果（能源节约+运维支出节约）及综合能源公司负担的运维支出。实际业务操作过程中，节约效果（能源节约+运维支出节约）及综合能源公司负担的运维支出可不拆分，打包按照“合同能源管理服务”计算处理。

该项目托管费税收处理如下：能源费用应按照能源费用适用税率结算纳税，月度（或年度）托管费用扣除月度（或年度）能源费用差额可理解为综合能源公司应分享的节能改造及运维降耗带来的节约效果，可以按照“合同能源管理服务”，适用 6%的税率进行纳税结算。为节能降耗发生的节能改造支出应为提供“合同能源管理服务”所必需的开支，无需单独对医院出票结算。

新建配电增容工程由医院投资、综合能源公司按其要求开展 EPC 建设、工程承包款项应按照“EPC”总包模式开票结算纳税，适用税率分别为 6%、13%、9%。

新建外科大楼的电费代收代付，应按照双方确认的结算单由综合能源公司向医院出具电费发票或者由供电公司按照电费分割单分别出具电费发票。此部分代收代付电费适用电费应税税率。

表 5–2　　基本情况

一	合同约定	具体情况	备注
1	年能源托管服务费	1059.5 万元	
2	托管费税率	6%	
3	发票类别	增值税普票	
二	综合能源公司托管能源费支出运行数据（年）	含税金额	进项税税率
1	电费	665 万元	13%
2	水费	30 万元	1%
3	燃气费	170 万元	9%

表 5-3　　应补记销项税计算表

序号	费用明细	含税计税基数（万元）	税率（%）	税金（万元）
①	开具的托管服务费	1059.5	6	59.971698
②	电费	665	13	76.504425
③	水费	30	1	0.297030
④	燃气费	170	9	14.036697
⑤ = ①-②-③-④	合同能源管理服务	194.5	6	11.009434
⑥	应计销项税			101.847586
⑦ = ⑥-①	应补计销项税			41.875888

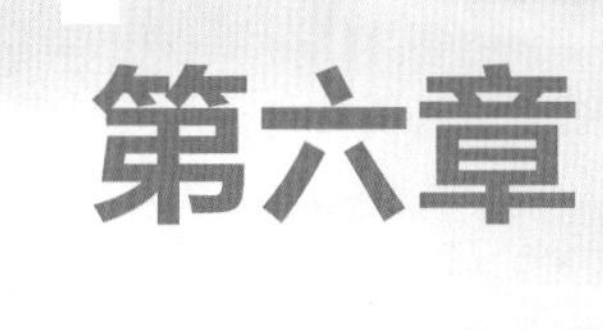

第六章

公共机构合同能源管理项目风险防范

第一节　公共机构合同能源管理项目风险类型

合同能源管理（EMC）是节能服务公司与用能单位以契约形式约定节能项目的节能目标，为用能单位提供资金投入、能耗诊断、技能技术改造的实施及验收等系统服务，用能单位使用技术改造后的节能费用支付节能服务公司的成本及利润所得。EMC 项目实施基础是节能收益，而项目实施的初期需要资金投入，项目运营周期长，再加上外部环境的影响，导致节能服务公司在经营周期内面临着一系列的风险。了解 EMC 项目的风险来源，采取有效的风险防控措施，是促进 EMC 项目健康发展的有效途径。

一、环境风险

环境风险是指由于政策、经济、能源价格、舆情等变化或波动而引起的项目外部风险。主要包括政策与法律风险、经济环境风险和能源价格风险。

（一）政策与法律风险

国家政策的稳定性和连续性及法律法规的调整，会对用能企业的发展产生直接影响。比如，新的节能与能源法律法规的发布实施及政策变更，可能会对合同能源管理机制的发展带来变化。此外，国家关于合同能源管理的有关政策变化和导向，也会对行业的发展产生重大影响。

（二）经济环境风险

项目实施和运营周期内，国家和社会一些大的经济因素的变化，比如设备材料价格不正常的上涨，供求关系、银行贷款利率发生变化，市场预测失误、通货膨胀等，均会影响能源管理项目的投资成本和融资效果。

（三）能源价格风险

能源价格的不稳定性，同样会对能源管理项目的节能效益带来重大影响。随着国家新的能源市场政策出台，用能单位能源费用出现波动性，对合同能源管理项目的节能费用产生重大影响，可能会出现用能量减少而能源总费用增加的风险。

二、客户风险

客户风险主要来自用能单位的信用风险、违约风险和施工运营风险。若用能单位在能源审计中故意隐瞒和虚报，可能会影响能源基准和节能服务公司的收益；由于市场竞争机制的不健全，用能单位可能会中途更换节能服务公司，或者变更领导和管理人员，这样均会影响合同的顺利执行；在项目施工过程中，用能单位若不积极配合节能服务公司，可能会影响项目的进度和完成情况；项目运营期中，用能单位若不配合节能服务公司制订的节能管理控制策略，会导致节能量达不到预期效果。

（一）用能单位的信用风险

国内的信用机制尚不完善，用能单位信用不佳会带来回款困难，能源审计中瞒报或者虚报用能量和用能设备，甚至出现违约与其他节能服务公司合作。用能单位信用不佳的主要情况有以下几种。

（1）恶意隐瞒真实用能信息，以诱使节能服务公司对其投资；

（2）索要详尽的节能解决方案后，自行实施节能项目；

（3）投资市场竞争加剧，其他节能服务公司给予更优惠的条件，违约而与其他节能服务公司合作；

（4）合同执行过程中，通过各种手段转移项目的节能收益；迟迟不愿支付节能效益款；

（5）用能单位更换领导班子，新一届领导不愿意履行原有合同。

因此，在与用能单位合作之前，必须注重对其信用状况进行评价。

（二）用能单位的生产风险

若用能单位经营不善，盈利能力下降，可能会导致履约困难。另外，还有可能由于卷入法律纠纷而发生风险，如用能单位由于从事非法经营、或其他重大问题而导致停业或关闭，致使节能服务公司遭受损失。

（三）施工运营风险

用能单位在项目施工过程中不配合进行技术改造，将严重影响项目实施进度和改造深度，变相增加施工成本，对改造效果产生较大影响。在运营期内，若用能单位不配合节能服务控制策略，甚至部分用能人员出现故意浪费等情况，将给节能量带来较大影响。另外，节能服务公司与用能单位签订的节能服务合同往往不是非常完善，对能源费用调整、用能设备增减等一些细节规定得不够详尽，导致在合同执行过程中及合同纠纷解决时存在较大风险。

三、项目风险

（一）项目可行性风险

项目的可行性风险是指节能服务公司与用能单位就节能项目的节能效益进行预期，而现实的节能效益低于该预期，甚至节能服务公司无法回收成本。这一风险是与其他风险相关联的，其他风险的发生都有可能连带导致这一风险发生。

（二）技术风险

主要包括节能技术选择、方案设计、技术的先进性和稳定性等因技术条件的不确定而可能造成的损失。技术风险是由节能技术的可行性、可靠性和先进性引起的，是指节能产品会对节能效果和用能单位的生产经营活动造成影响，若在项目实施过程中由于技术质量出现问题，可能会影响企业的正常生产。

（三）项目实施风险

项目实施风险是指由于施工单位的原因或者其他环境因素造成工程延期完工，致使项目不能顺利进行。合同能源管理项目必须在合同规定的时间内完成，保证能够及时地回收投资。如果项目延期，势必会造成节能服务公司不能及时获取收益，其他的费用也会相应增多，导致项目的成本增加。施工单位施工和设备质量不合格，导致用能单位停工停产损失，或者施工、运营过程中的安全风险。

（四）项目融资风险

项目融资风险是指因节能服务公司融资能力不足或者融资成本上升，导致节能服务公司的流动资金链断裂，使得合同能源管理的项目不能继续运营，导致项目失败。

（五）市场风险

合同能源管理项目市场风险是指因用能客户的主营业务的市场变化或者由于能源的价格出现大幅变化，导致节能利润萎缩，使预期的合同能源管理项目运营失败。项目的市场风险需要靠商业灵敏度把握，且具有不可预测，很难防范的特点。

（六）节能量风险

节能量风险是指节能服务公司与用能客户就节能测量、监测等未进行约定，或者约定不明确，导致在实际操作过程中产生争议，无法确定真实的节能量。运营管理不细，导致新增用能设备未准确统计管理，或者用能单位设备老化，导致能耗水平增加。节能量风险是合同能源管理项目中最容易发生的风险。

第二节　合同能源管理项目风险防范

一、环境风险防范方法

（一）政策与法律风险防控

新的能源政策及法律法规的发布实施，例如能源战略、节能补贴等都会对公共机构合同能源管理项目带来极大影响。作为节能服务公司，首先应该对国家能源发展方向及法律变动有整体判断，在签订合同能源管理协议时应充分考虑，在合同条款中应明确政策调整、法律法规变动的免责条款。

（二）经济环境风险防控

在项目可研阶段前，应充分考虑原材料、设备价格波动、贷款利率变动等因素，合理预留空间。在项目实施阶段，应提前确定项目所需原材料、设备，及时签订供货协议；还应缩短项目决策周期和实施周期，防止因项目周期过长造成波动。此外，在与用能单位的合同中应约定原材料、设备价格调整办法，在价格变动时可以及时调整合同价格。

（三）能源价格波动防控

在与用能单位签订合同时，列出能源价格波动调整条款，在合同中明确能源当前节能量（节能费用）的基准电价和用能设备清单，当电价调整时，相应调整合同能源托管费用和相应的节能费用。

二、客户风险的防范方法

（一）详细搜集用能单位信息，认真开展评价信用

对用能单位进行必要的商业尽职调查，在签订合同前，节能服务公司应对用能单位进行必要的商业尽职调查。对于一般性的第三方机构调查其基本情况和重大事项即可，而对于用能单位应该进行较

全面的深入调查。

节能服务公司还应该关注用能单位可能会出现的重大事项，因为重大事项对投资项目的影响往往是巨大的。对重大事项的分析主要包括：分析客户近期可能进行的重大建设项目或重大投资项目；了解客户当前有无面临重大法律诉讼问题；了解用能单位的决策程序是否科学、在资金使用方面是否有违法情形。

评价客户主要包括：基本情况评价、财务状况评价和重大事项了解三项。

1. 基本情况评价

基本情况调查可以通过工商局查验，例如成立时间、注册资本、资本到位情况、经济类型、股东名称等；调查其主营业务的竞争情况及其在本行业的地位；有必要的话，还应该调查用能单位的重大建设项目、重大诉讼或纠纷等重大事项。例如。用能单位属于国有控股企业、民营营业、三资企业还是个人独资企业，不同的所有制形式往往预示着不同的风险程度。

2. 财务情况评价

了解用能单位的主营业务和兼营业务。包括了解生产能力、销售收入、利润总额、总资产、净资产等数据。同时，还要了解客户产品的市场状况、市场竞争情况和市场前景等。一般来说，规模较大，生产经营持续增长、市场前景良好的客户是优质客户。

关注财务报表的审计情况。看其资产负债表、损益表和现金流量表是否经过审计，有无保留意见，存在哪些需要说明或调整的事项。

财务状况分析。包括资产变动的来源分析、利润增减额变动分析、利润构成变动分析、资产负债结构分析、获利能力分析、财务比率分析等。

银行负债及偿债能力分析。一方面要分析客户的银行负债情况，另一方面要注重对客户的或有负债分析。

现金流分析。除了偿债能力、经营能力等分析外，还应分析利润质量、未来状况，以便全面了解客户的过去和将来的财务状况，充分评估可能的风险。

3. 重大事项的了解

节能服务公司还应该关注客户可能会出现的重大事项，因为重大事项对投资项目的影响往往是巨大的。

（1）分析客户近期可能进行的重大建设项目或重大投资项目；

（2）对客户可能会出现的重大体制改革，包括资本结构变化、高层人员变动等情况进行调查和分析；

（3）了解客户当前有无面临重大法律诉讼问题；

（4）了解客户近三年是否出现较大的经营或投资失误；

（5）其他重要项目情况的了解和分析，主要针对客户存在异常情况的资产、负债项目。

4. 多渠道了解情况

节能服务公司必须确保客户的业务状况良好，财务制度健全，会按项目的节能量支付给节能服务公司应分享的比例。因此，从一开始就应通过多种渠道对客户进行全面了解，通过银行、工商部门、其他客户、客户上级主管部门等去了解客户的各方面情况。需了解的客户情况包括：客户的资信、发展前景、后续项目的可能性等，并与用能单位的各级领导和有关部门保持联络，随时获得他们对项目的反馈意见，以便改进工作，同时避免因用能单位机构改革和人员变动带来的风险。

（二）筛选优良客户

在对客户进行详细的评价基础上，尽可能地选择优良的客户。这类客户应是真正有节能潜力，而且真诚地愿意与节能服务公司合作，而不是由于急需使用资金或出于其他目的。在挑选优良客户的时候，还可兼顾在同一家客户开拓出更多项目的可能性。

（三）细致签订完善的合同

节能服务公司要力争将风险控制在合同上，通过合同的约束来保障项目的正常执行，以及节能服务公司正常地收回应得的收益。各项合同条款应尽量完善，要充分考虑各种可能性，并把他们体现在合同中。

节能服务公司就应该签订内容尽显充分的服务合同，相关约定尽可能明确，特别重视下列条款的作用。

（1）明确约定节能量的确定标准和生产规模。为防止用能企业故意消减生产规模，减少用能力，可以对企业的节能前的生产规模和节能后的生产运营规模做出详细约定。

（2）邀请第三方认证机构公平出具能源基准费用报告和用能设备清单。

（3）合同条款变更。在出现无法预见的、非不可抗力造成的不属于商业风险的重大变化，从而导致节能服务公司失去签订合同时所预期的重大利益时，建议节能服务公司将相关政策的变更约定为变更或解除合同的理由。

（4）违约责任条款设定。在签订合同能源管理合同时，节能服务公司应尽可能明确约定用能单位的具体义务的类型、时间和质量要求，并将用能单位不履行或不全面履行相关义务的责任也明确化。

（5）合同风险转移。主要通过合同债权转让或者是节能服务合同的权利的独立让与实现的，通过购买保险也可以进行适度的风险负担。

（四）降低投资回报风险

这是 EPC 业务的独特风险，需要节能服务公司关注和研究。在项目开始前，节能服务公司应结合客户的具体状况制订可行的风险管理方案，确保按计划收回项目投资和应分享的效益。根据国内示范节能服务公司的经验和教训，回避此类风险的方法主要有以下三种。

（1）制订合理的分享年限和分享比例，并留有一定的应变余量，以保证在客户方面出现任何不利变化时，节能服务公司仍然能收回全部投资。

（2）选择权威的能源审计部门或其他有资质的第三方监测机构检测项目节能量，以保证能公平合理地进行项目的能耗评估和节能效益分析。

（3）高效处理节能服务公司与用能单位分歧，避免可能导致的项目可持续运营风险。EPC 项目带给客户的效益不仅是通过节能方式，还有可能是通过降低设备维护费用，延长设备使用寿命，提高产量、质量，降低原材料消耗、降低环境成本等多种渠道来增加效益。

三、项目风险的防范方法

（一）项目的前期风险管控

合同能源管理项目前期风险主要包括：项目风险的识别、项目风险的评估等。在项目实施前找出可能导致项目发生损失风险的关键因素，为下一步选择应对措施、进行风险管控决策提供依据。节能服务公司可以将项目的可行性风险在项目参与主体之间进行合理分担，又或者是将项目所有权进行转让从而将其可行性风险进行转嫁。在实践操作中，节能服务公司可以在与合同能源管理的其他参与主体，比如投融资主体机构、设备供应商、技术服务商、保险公司等的业务合作中进行风险转移。

（二）设计和技术风险防范

加强与行业科研院所的协作，组建可靠的专家团队或咨询机构作为技术支撑，深入研究并掌握重点行业的主要节能技术，在设计时使用经过检验的先进技术和设备，不在项目中进行最新技术和设备的应用试验；可以要求技术、设备的供应商提供相应的担保，并约定风险发生后的责任承担，还可以要求供应商提供设备运营期内质量保证和履约保函。

（三）项目建设风险防范

节能服务公司必须按合同规定的时间完成项目，以使客户按时向其付款。降低这种风险的方法有以下几种。

（1）在制订施工进度表之前确定各有关设备的交付日期；

（2）仔细地计划施工步骤，提前与用能单位沟通，使客户方面了解需要配合的时间、范围等，以便改造工程能够按时顺利实施；

（3）安排有经验的项目经理对项目施工全面负责；

（4）在施工进度表中留有一定的时间余量，以防可能发生的工期延迟；

（5）严控项目施工、运营安全风险管理，加强节能改造中的临电、近电、带电施工管理，吊装、焊接、高空等风险性较大作业应做好相应安全管控措施。

（四）项目财务风险防范

（1）有效控制项目建设成本，重视合同能源管理项目中发生的各项成本费用，例如在更换荧光灯镇流器时，要用的导线和连接件，这些材料的成本虽然低，也应计入项目成本；应将间接成本如交通费用、清理现场垃圾费用等都计入项目成本内；明确可能的附加成本，应让客户清楚地理解项目的额外成本。

（2）降低项目资金风险，在内部方面，节能服务公司应增加自身的经济实力，提高项目融资能力；在外部方面，与银行等金融机构保持密切的联系，保证融资的主体的多样性，与节能设备供应商、节能技术服务商、保险公司等通过前期投资建立利益分享机制，或者灵活运用节能收益等作为融资担保，扩大融资范围。

（五）节能量风险防范

为了降低这种风险发生的概率，必须做好以下几方面的工作。

（1）邀请权威的能源审计部门或其他有资质的第三方检测机构出具用能单位的能源基准费用，并详细登记用能设备清单，明确基准能源费用价格，以保证能公平合理地进行项目的能耗评估和节能效益分析。

（2）在能源管理合同中约定项目采用的用能量测量、检测、监测、核实的具体技术方案，在节能项目改造完成后，合理、准确地检测、核实改造后的实际用能量。

（3）为防止用能单位故意消减生产规模，减少用能量，可以对企业节能前的生产规模和节能后的生产运营规模做出详细约定。

（4）为防止用能单位不配合节能服务公司提供的管理控制策略，在合同中制订相应的违约条款，以保证在运营过程中能顺利进行管控。

（5）节能服务公司应及时关注用能单位用能设备变化情况，按照经双方确认的用能设备清单，出现用能设备增减时，及时跟客户沟通，调整用能量，以保证项目节能量。

四、项目风险的转移

（一）保险转移

保险是实现风险转移的一个重要手段，通过保险，可将合同能源管理项目不确定的财务损失、责任风险等变成已知的固定财务成本，减少突然发生的大额损失所带的财务压力，可以通过保险公司购买财产一切险、机器损坏险、运维责任险等，有效避免财产损失。

（二）合同债权转移

合同债权转移则主要是通过合同债权转让以及与专业的风险担保公司、保险公司签订合同，也可以将项目债权转移给金融机构，让金融机构成为合同能源管理项目的实际债权人。

（三）客户信息合同化

所谓客户信息合同化是指节能服务公司在与用能单位签约时，应该将他们的资质情况以及其他陈述、承诺、保证作为合同的一部分。将这些信息写入陈述与保证条款以后，用能单位就必须保证提供信息的真实性、准确性，否则就要承担欺诈的法律责任。

（四）不可抗力条款

在合同中明确国家政策、战争、自然灾害等不可抗力原则，可以约定节能服务公司对此无需承担责任，并进行相应的责任分配，可以免除或者减轻、重新分配合同各方的风险，明确后续处理措施以及双方的责任分担。

（五）变更条款

在合同中约定发生无法预见的、非不可抗力造成的不属于商业风险的重大变化时，也就是说，在现实司法实践中对不可抗力条款没有涉及的情况，节能服务公司可以约定情势变更原则的具体适用。

（六）违约责任条款

合同能源管理项目（尤其是节能效益分享型项目）的风险主要是由节能服务公司承担的，但是在合同能源管理项目的实施过程中，需要的是用能客户的积极配合，在签订节能服务合同时，节能服务公司应注意对用能客户义务的明确，并将用能客户不履行义务的责任也明确在合同中。节能服务公司应把项目运行过程中的各种可能与风险进行充分预估并将违约责任明确化、具体化，以有效避免用能客户违约风险。

（七）担保条款

在合同能源管理各方交涉的过程中，节能服务公司可以要求对方提供独立的第三方担保，用能客户的支付担保、设备提供商的供应担保、技术服务合同的服务担保、施工期担保等，可以提高合同相对方的现实履约能力，降低节能服务公司的风险。

（八）合同主体多元化条款

按照风险分散的基本原理，节能服务公司可以通过选择风险特征不同的主体进行组合，这样不同的风险之间相互抵消，最终形成无风险或风险低的组合，这就需要将各个主体之间的风险点进行合理划分，协调各个主体之间的利益。

（九）期货转移

合同能源管理项目中存在经销商、节能服务公司、施工单位、用能单位等众多参与者，都面临着经济基本面、生产技术、消费力、自然条件等多种影响因素而导致未来商品价格的不确定性和难以预计性风险，期货市场可以化解和转移这种风险，节能服务公司可以通过买卖期货合约而达到冲抵现货价格变动的目的，在一段时期内持有标准化期货合约而暂时取代非标准化的现货合同，通过期货市场把现货商品的价格提前确定下来，从而实现套取保值。

第七章

公共机构合同能源管理典型项目案例

第一节　园区客户典型项目案例

案例一：双创产业园蓄能式能源站

（一）项目概况

1. 项目背景

某双创产业园分三期建设，其中一期工程建筑面积约 6 万 m^2（见图 7－1）。因一期项目原多联机空调方案存在投资规模大，运行功耗高等问题，为加快推动园区节能和电能替代工作，园区管委会与某综合能源服务有限公司展开合作，由某综合能源服务有限公司投资建设蓄能式能源站替代原来多联机空调系统，利用蓄能价格优势以及低谷电进行蓄冷、蓄热，为园区提供低价的空调冷、热水供应。采用 EMC 合同能源管理模式实施，项目投资回收期为 4.03 年。最后，对项目涉及的技术及财务风险进行评估。

图 7－1　园区鸟瞰图

2. 项目业主简介

该双创产业园以科技产业孵化为主导，集办公、商业、公寓酒店、组合式创意厂房、标准化厂房为一体，分三期建设，总建筑面积 25 万 m^2。

3. 项目实施单位

某综合能源服务有限公司。

4. 商业模式及融资渠道

项目采用 BOT 模式，托管期 8 年，由某综合能源服务有限公司负责能源站的投资运营。项目投资额为 987.1 万元，为某综合能源服务有限公司自有资金。

（二）项目内容

1. 项目基础条件（见表 7－1、表 7－2）

表 7－1　　项目基础条件

地理位置	气象条件	供水条件
该双创产业园位于北纬 31° 52′，东经 117° 14′，海拔 29.2 米	该项目处于中纬度地带，位于江淮之间，全年气温夏季炎热、冬季寒冷、春秋温和，属于夏热冬冷地区	园区用水由市政管道供应

表 7－2　　最新电价标准（分时）

<table>
<tr><th colspan="3">分类</th><th>电度电价（元/kWh）</th></tr>
<tr><td rowspan="4">工商业及其他用电（单一制）</td><td rowspan="2">高峰</td><td>7—9 月</td><td>1.0656</td></tr>
<tr><td>其他月份</td><td>1.0034</td></tr>
<tr><td colspan="2">平段</td><td>0.6742</td></tr>
<tr><td colspan="2">低谷</td><td>0.4195</td></tr>
<tr><td rowspan="4">电热锅炉，冰（水）蓄冷空调用电</td><td rowspan="2">高峰</td><td>7—9 月</td><td>0.5617</td></tr>
<tr><td>其他月份</td><td>0.5297</td></tr>
<tr><td colspan="2">平段</td><td>0.3402</td></tr>
<tr><td colspan="2">低谷</td><td>0.2367</td></tr>
</table>

2. 项目用能需求分析

本工程为双创产业园蓄能式能源站项目（一期），工程预留将来扩大供冷范围的设备安装空间。一期工程总建筑面积约 4 万平方米。一期建设内容包含：一号楼管委会办公楼、二号楼科技孵化总部办公楼。管委会办公楼总建筑面积为 25443m^2，科技孵化总部办公楼 15326m^2。能源站负责提供空调冷热水的供应。

（1）冷热需求分析。本能源站所承担的空调负荷，均为白天办公时间服务的空调负荷，空调面积 40769m^2。冷热负荷统计如表 7－3 所示。

表 7-3 冷热负荷统计

负荷类型	最大值（kW）	最大时刻		空调面积（m²）	面积指标（W/m²）
冷负荷	5715.890	8月22日	17	40770.660	140.196
热负荷	4960.242	2月9日	7	40770.660	121.662
冷负荷（不含新风）	4420.986	8月4日	9	40770.660	108.435
热负荷（不含新风）	4960.242	2月9日	7	40770.660	121.662
新风冷负荷	1791.591	8月23日	17	40770.660	43.943
新风热负荷	911.812	1月10日	9	40770.660	22.364
加湿负荷（kg/h）	0.000	1月1日	1		
除湿负荷（kg/h）	0.000	1月1日	1		
夏季设计日					
冷负荷	4626.002	7月21日	16	40770.660	113.464
冷负荷（不含新风）	3289.782	7月21日	16	40770.660	80.690
新风冷负荷	1336.220	7月21日	16	40770.660	32.774
除湿负荷（kg/h）	0.000	7月21日	16		
冬季设计日					
热负荷	2593.871	1月20日	9	40770.660	63.621
热负荷（不含新风）	1739.911	1月20日	9	40770.660	42.676
新风热负荷	857.389	1月20日	9	40770.660	21.029
加湿负荷（kg/h）	0.000	1月20日	9		

（2）电力需求分析。能源站夏季设计日为7月21日，冬季设计日为1月20日。能源站设计日分时冷热负荷分布如表7-4所示。

经测算：白天办公时间总热负荷需求约为18126kWh，总冷负荷需求约为40345kWh。

表 7-4 能源站设计日分时冷热负荷分布

时间	热负荷（kW）	冷负荷（kW）	电力时段
08:00-09:00	1988.897	3174.078	电力平段
09:00-10:00	2593.871	4200.842	电力高段
10:00-11:00	2248.202	3964.141	电力高段
11:00-12:00	2013.933	4009.616	电力高段
12:00-13:00	1927.618	3492.571	电力平段
13:00-14:00	1765.501	3548.453	电力平段

续表

时间	热负荷（kW）	冷负荷（kW）	电力时段
14:00－15:00	1533.077	4271.744	电力平段
15:00－16:00	1424.301	4439.374	电力平段
16:00－17:00	1321.558	4626.002	电力平段
17:00－18:00	1308.823	4617.839	电力高段
冷（热）负荷总计（kWh）	18125.78	40344.66	

3. 项目技术路线

空调供热供冷方案：选用 2 台制热量 1072kW、制冷量 1372kW 的热源塔热泵机组作为供应主机，并配置蓄水容积 1519m^3 的蓄水罐两座用于夜间储存冷热水。项目利用夜间低谷电制冷热水并储存在蓄水罐中，白天通过智能水泵循环至空调末端，充分利用峰谷差电价降低园区用户空调使用成本，建成投运后可满足产业园区空调供应需求。

（1）制热方案。空调制热系统采用热源塔热泵系统＋储热水罐方案。储水罐在电力低谷时段（9 小时）储存 50℃热水，满足第二天空调使用时间（10 小时）的全部热负荷。

（2）制冷方案。空调制冷系统采用热源塔热泵系统＋储冷水罐方案。储水罐在电力低谷时段（9 小时）储存 5℃冷水，满足第二天空调使用时间（10 小时）全部冷负荷的 60%。

能源站系统示意如图 7－2 所示，主要设备如表 7－5 所示。

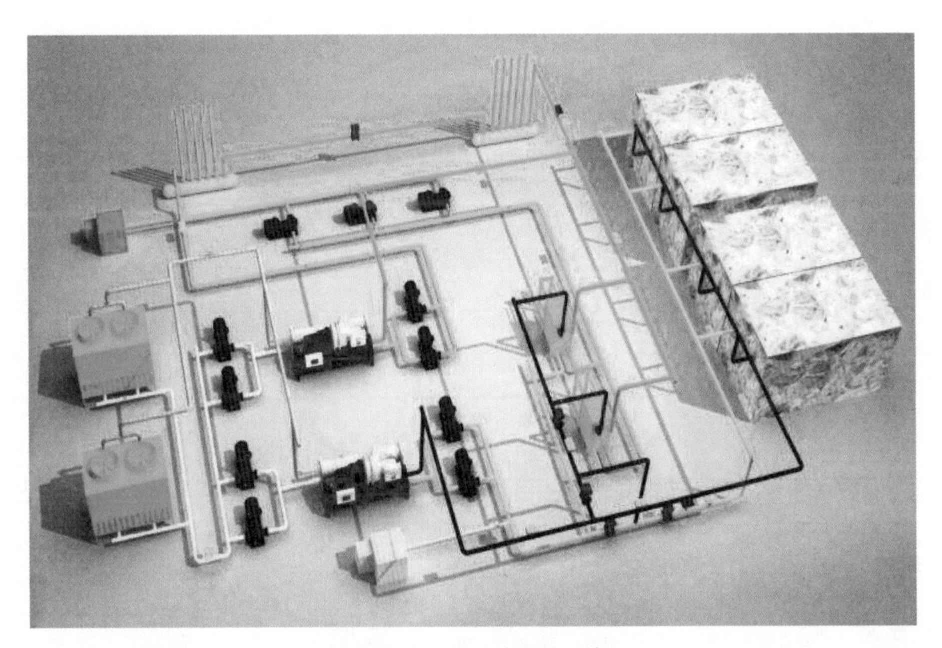

图 7－2　能源站系统示意

表 7－5　　能源站主要设备

序号	设备名称	型号、规格	单位	数量	备注
能源站主要设备清单					
1	热源塔热泵主机	蓄冷工况（5℃）：制冷量 1372kW，冷冻水量 147m³/h，冷却水量 295m³/h，冷冻水侧阻力 64kPa，冷却水侧阻力 56kpa，冷冻水进出水温度 13/5℃，冷却水进出水温度 32/37℃，制冷输入功率 344kW，电源 380V/3N－50Hz；蓄热工况（50℃）：制热量 1072kW，热水进出水温度 50/42℃，蒸发器盐溶液进出温度－9/－12℃，制热输入功率 407kW，电源 380V/3N－50Hz	台	2	
2	热源塔	夏季进塔水温 37℃，出塔水温 32℃；冬季进塔盐溶液－12℃，出塔盐溶液温度－9℃，冬季换热量 1072kW，夏季散热量 1372kW，换热风机功率 15kW，冬季喷淋盐溶液流量 300m³/h，夏季喷淋水流量 240m³/h	台	2	
3	冷（热）水外网循环泵	$L=190m^3$　$H=15m$　$N=10kW$	台	3	3×35%，1 台变频
4	冷却水循环泵	$L=190m^3$　$H=25m$　$N=16kW$	台	3	2 用 1 备
5	蓄冷（热）泵	$L=200m^3$　$H=16m$　$N=11kW$	台	3	2 用 1 备
6	蓄能水罐	$L=3104\ m^3$	台	1	直径 12.5m，高度 25m

全年能耗统计：夏季空调运行时段是从 5 月 1 日到 9 月 30 日，总计天数 152 天。节假日和周末 49 天，实际运行时间为 103 天。冬季空调运行时段是从 11 月 15 日到 3 月 15 日，总计天数 121 天。节假日和周末 39 天，实际运行时间为 82 天。全年热负荷、冷负荷能耗统计见表 7－6、表 7－7。

表 7－6　　全年热负荷能耗统计

类别 \ 时间段	第一阶段	第二阶段	第三阶段	第四阶段
负荷率（%）	100	75	50	25
天数（天）	23	18	27	14
日耗电量（kWh/d）	8188	6366	3645	1571
耗电量小计（kWh）	188324	114588	98415	21994
供热耗电量合计（kWh）	423310			
电费（元/天）	1901	1476	849	368
电费小计（元）	43723	26568	22933	5152
电费合计（元）	98366			

表 7－7　　全年冷负荷能耗统计

类别 \ 时间段	第一阶段	第二阶段	第三阶段	第四阶段
负荷率（%）	100	75	50	25
天数（天）	31	14	32	26
日耗电量（kWh/d）	11816	9055	6294	3147

续表

类别＼时间段	第一阶段	第二阶段	第三阶段	第四阶段
耗电量小计（kWh）	366296	126770	201408	81822
供冷耗电量合计（kWh）	776296			
电费（元/天）	3472	2369	1479	740
电费小计（元）	107632	33166	47328	19240
电费合计（元）	207366			

4. 投资估算与效益分析

（1）投资估算。如表 7－8 所示。

表 7－8　　项目投资构成

序号	工程或费用名称	金额（万元）	占比（%）
1	工程费用	981.97	100.00
1.1	建筑工程费	18.15	1.85
1.2	设备购置费	732.79	74.62
1.3	安装工程费	43.97	4.48
1.4	其他费用	187.06	19.05
2	建设期可抵扣增值税	95.90	

（2）效益分析。主要参数如表 7－9 所示。

表 7－9　　主要参数

序号	项目名称	金额/费率	备注
1	建筑面积（m^2）	40769	
2	供热、冷单价（元/m^2）	90	
3	年运维费（万元）	12.74	按设备费 2%计提
4	年用电费（万元）	30.58	
5	年用水费（万元）	3.91	
6	人员总工资（万元/年）	30	
7	所得税税率（%）	25	
8	盈余公积（%）	10	
9	供热、冷增值税率（%）	9	
10	城乡建设税率（%）	5	
11	教育费附加（%）	5	
12	折旧年限（年）	8	

（3）财务评价。如表 7－10 所示。

表 7－10　财务评价指标一览表

总投资收益率	14.96%	资本金净利润率	11.22%
融资前分析			
项目投资内部收益率（所得税前）	19.27%	项目投资内部收益率（所得税后）	15.16%
投资回收期（税前）	3.48 年	投资回收期（税后）	4.03 年
净现值（税前）	469.66 万元	净现值（税后）	285.75 万元
融资后分析			
资本金内部收益率	15.16%	资本金投资回收期	4.03 年

（4）风险分析及对策。如表 7－11 所示。

表 7－11　风险分析及对策

政策风险	技术风险	资金风险
本工程建设完全符合国家能源政策、具有环保优势，符合国家节能减排工作要求，具有很强的抵政策风险能力	本项目采用的热源塔热泵机组、热源塔、储能系统均为当前先进成熟的技术，没有技术风险	项目建设期内利率水平处于下行空间，不会对项目总投资额造成重大风险

（三）项目总结

1. 项目特色和亮点

（1）安全可靠：采用安全的电能作为主供能源，利用现有电力线路资源，供电可靠性高，安全稳定。采用综合冷、热能向园区供应，安全性高，用电能不存在限制措施，持续稳定。

（2）清洁高效：利用清洁能源电能，不产生二次排放和污染，有效利用能源，响应国家能源综合利用、节能减排的号召，蓄能效率高、能效比突出。

（3）成本降低：充分利用蓄能电价和夜间低谷电价的政策优势，削峰填谷，减少装机容量和配电投资，降低初始投资和年运营成本。

（4）服务保障：以国家电网综合能源战略为指导，国企参与，售后和品质有保障，响应速度快，服务有监督。

（5）品牌效应：通过建设一体化的综合能源站，打造生态环境良好、节能减排的示范项目，吸引更多的科技、环保项目入园。

（6）方式灵活：由于在后期的运营中，存在很大的效益空间，投资和经营方式比较灵活，可根据资金实际情况进行灵活商洽，最终达成共赢的目标。

2. 市场开拓策略

拓展模式："1+1+1"联动营销。以项目为核心，推动省－市－县组团联动。

综合能源分公司做好属地客户需求挖潜，项目开拓。以属地化支撑，实现一体化统筹协调前端与后端支持工作，构建综合能源服务渠道中枢，发挥联动、协同作用。省综合能源公司提供精准靶向服务，发挥助推作用，助力项目顺利签订。项目框架示意如图 7－3 所示。

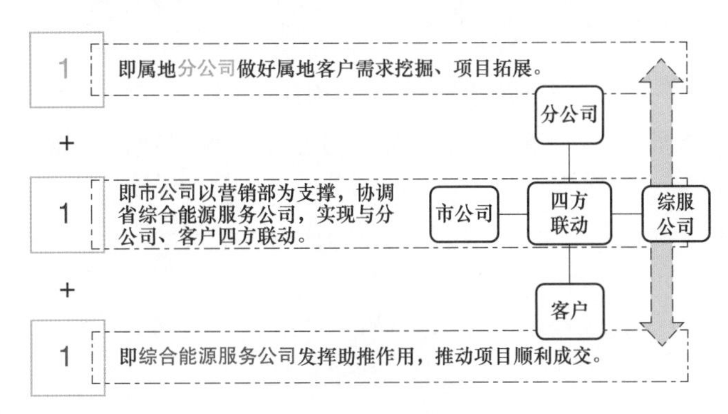

图 7－3　项目框架示意

3. 项目成效

合同年限为 8 年，合同金额为 3200 万元，项目效益在 1200 万元左右。采用蓄能式能源站能源托管方式，显著降低双创园空调系统的能源消耗及能源费支出。经初步评估项目投运后全年可比传统中央空调系统节能 30%以上，节省能源费 60%以上，年降低园区碳排放约 50 万吨，助力园区实现碳达峰、碳中和。

4. 项目推广应用

该项目为全国首批园区级冷热双蓄能式能源站，采用最新热源塔热泵技术，热源塔可一塔两用，夏季冷却冬季制热，有效解决传统热泵在冬季低温高湿环境下结霜制热效果不理想的问题。可在大型园区、医院、公共建筑等具备集中式空调冷热供应需求的场景进行推广，应用前景广阔。

案例二：某市新区云谷综合服务中心能源站项目

（一）项目概况

1. 项目背景

该项目首先对供能区域冷、热用能需求进行梳理分析，结合项目所在地水、电、气等资源条件，通过多能互补集成优化、终端供能系统统筹规划和一体化建设，提出供冷冷源采用冰蓄冷系统＋污水源热泵，供热热源采用燃气锅炉＋电锅炉蓄热＋污水源热泵的方案。最后，对项目涉及的技术及财务风险进行评估。

2. 项目业主简介

该项目位于某市新区西南侧，共包括十个地块，分别是乐业公寓、云谷创新园一期/二期、云谷学校、文一春风里以及供能地块 A/B/C/D/E，总建筑面积约 244 万 m^2。周边市政配套包括城市道路、管网、电力设施等基础设施均较完善，周边交通路网均为在建或在已建成，交通条件优越。

3. 项目实施单位

项目实施单位为某综合能源服务公司。

4. 商业模式及融资渠道

本项目采用合同能源管理模式（EMC）节能效益分享型开展。项目总投资额为 22325.85 万元，为自有资金。

（二）项目内容

1. 项目基础条件（见表 7－12、表 7－13）

表 7－12　　项目基础条件

地理位置	气候条件	供气条件	供水条件	其他资源
该项目位于某市新区西南侧	北纬：31°52′，东经117°14′，地处中纬度地带，位于江淮之间，全年年气温夏季炎热、冬季寒冷、春秋温和	本项目供暖天然气价格为 3.75 元/立方米	本项目市政供水价格为 3.4 元/吨	污水处理厂距离能源中心站直线距离约 1500 米，设计规模为 12 万立方米/天，先期日处理规模可达 6 立方米/天

表 7－13　　供电条件：按照安徽省最新电价标准（分时）

分类			电度电价
工商业及其他用电（单一制）	高峰	7—9 月	1.0656
		其他月份	1.0034
	平段		0.6742
	低谷		0.4195
电热锅炉，冰（水）蓄冷空调用电	高峰	7—9 月	0.5617
		其他月份	0.5297
	平段		0.3402
	低谷		0.2367

2. 项目用能需求分析

本项目能源站总供能面积约 132.95 万 m^2，用户业态有商业、办公、酒店、公寓、学校等，各业态供能面积如表 7－14 所示。

表7-14　　各业态供能面积表

序号	用户业态	供能面积（m^2）
1	商业	396406
2	办公	617176
3	酒店	38447
4	公寓	241515
5	学校	26014
6	学校公建	9900
7	合计	1329458

为实现节能减排，能源梯级利用，提高能源利用效率，采用冰蓄冷系统+污水源热泵供冷、采用燃气锅炉+电锅炉蓄热+污水源热泵供热的方案解决整个园区的冷热负荷需求。

本项目能源站设计日供冷逐时冷负荷如表7-15所示，能源站设计日供冷最大负荷为70.02MW，出现在16:00。

表7-15　　设计日逐时冷负荷计算表

时间	逐时冷负荷（MW）					
	商业	办公	酒店	公寓	学校	合计
1:00	0	0	1.12	5.16	0.25	6.53
2:00	0	0	1.11	5.05	0.25	6.41
3:00	0	0	1.09	4.96	0.24	6.29
4:00	0	0	1.08	4.89	0.24	6.21
5:00	0	0	1.06	4.83	0.24	6.13
6:00	0	0	1.22	4.94	0.32	6.48
7:00	5.65	9.96	1.42	5.13	1.20	23.36
8:00	13.81	22.97	1.61	5.61	1.82	45.82
9:00	15.93	33.85	1.69	5.73	2.37	59.57
10:00	18.27	36.8	1.75	5.81	2.51	65.14
11:00	19.11	37.17	1.8	6.25	2.57	66.90
12:00	19.8	33.07	1.78	6.5	2.30	63.45
13:00	20.16	33.38	1.78	6.31	2.32	63.95
14:00	20.01	38.95	1.82	6.11	2.70	69.95

续表

时间	逐时冷负荷（MW）					
	商业	办公	酒店	公寓	学校	合计
15:00	20.12	41	1.89	6.32	2.82	72.15
16:00	19.94	41.12	1.94	6.69	2.77	72.46
17:00	20.19	39.94	1.93	7.1	2.76	71.92
18:00	19.84	26.88	1.97	8.49	2.28	59.46
19:00	18.66	18.7	1.76	8.53	1.64	49.29
20:00	18.18	10.63	1.65	8.52	0.42	39.40
21:00	16.81	8.14	1.62	8.58	0.42	35.57
22:00	14.06	6.7	1.59	8.51	0.42	31.28
23:00	0	0	1.19	5.89	0.29	7.37
0:00	0	0	1.15	5.37	0.26	6.78

本项目能源站设计日供热逐时热负荷如表 7－16 所示，能源站设计日供热最大负荷为 53.8MW，出现在 10:00。

表 7－16 设计日逐时热负荷计算表

时间	逐时热负荷（MW）					
	商业	办公	酒店	公寓	学校	合计
1:00	0	0	0.74	7.63	0.37	8.74
2:00	0	0	0.73	7.70	0.38	8.81
3:00	0	0	0.71	7.74	0.38	8.83
4:00	0	0	0.71	7.82	0.38	8.91
5:00	0	0	0.69	7.89	0.39	8.97
6:00	0	0	0.80	7.97	0.43	9.20
7:00	5.98	11.12	0.93	8.00	0.91	26.94
8:00	6.29	22.08	1.06	8.04	1.41	38.88
9:00	9.26	33.80	1.11	7.85	1.95	53.97
10:00	11.97	32.75	1.15	7.56	1.88	55.31
11:00	11.47	31.72	1.18	7.22	1.82	53.41
12:00	10.79	26.83	1.17	6.89	1.58	47.26
13:00	10.13	25.80	1.17	6.48	1.51	45.09

续表

时间	逐时热负荷（MW）					
	商业	办公	酒店	公寓	学校	合计
14:00	9.43	28.34	1.20	6.10	1.61	46.68
15:00	8.55	26.86	1.24	5.66	1.52	43.83
16:00	8.04	25.89	1.27	5.36	1.46	42.02
17:00	8.21	26.02	1.27	5.43	1.47	42.40
18:00	8.50	12.45	1.30	5.58	0.85	28.68
19:00	8.78	12.82	1.15	5.81	0.88	29.44
20:00	8.28	13.29	1.08	6.07	0.91	29.63
21:00	6.99	11.25	1.06	6.25	0.83	26.38
22:00	8.34	11.39	1.04	6.36	0.84	27.97
23:00	0	0	0.78	6.44	0.34	7.56
0:00	0	0	0.76	6.51	0.32	7.59

3. 项目技术路线

夏季供冷方案：本项目能源站供冷冷源采用冰蓄冷系统+基载冷机+污水源热泵，制冷系统为主机上游双蒸发器外融冰开式直连系统。夏季空调冷水系统为开式循环系统，进入蓄冰槽的水管上设置持压阀，控制并稳定系统的运行压力；空调蓄冷系统（乙二醇系统）为闭式循环系统。系统运行工况包括：基载冷机/污水源热泵供冷+双工况主机蓄冰、双工况主机供冷+蓄冰槽供冷、蓄冰槽供冷、主机供冷。设计日负荷工况下系统回水温度 11℃，污水源热泵/基载冷机/双工况主机进出水温度 11℃/5℃，蓄冰槽出水温度 2℃～3℃。

冬季供热方案：本项目能源站冬季供热热源采用污水源热泵+燃气锅炉+电锅炉蓄热，污水源热泵+燃气锅炉为基础热源，蓄热水槽为调峰热源；电锅炉只在夜间谷电价时运行，在峰电价和平电价时段不运行。系统运行工况包括：污水源热泵/燃气锅炉供热+电锅炉蓄热、污水源热泵/燃气锅炉供热+蓄热水槽供热、蓄热水槽供热、污水源热泵/燃气锅炉供热。设计日负荷工况下系统回水温度 45℃，污水源热泵进出水温度 45℃/50℃，燃气锅炉进出水温度 45℃/70℃，水蓄热罐蓄热温度 70℃，混合后系统供水温度 60℃～65℃。供热系统流程如图 7－4 所示。

主要设备参数：本项目能源站供冷负荷为 70.02MW，夜间冷负荷为 18.2MW。

北涝圩污水处理厂取水泵房设计取水量为 3 万 m^3/d，即 0.34m^3/s，扬程 58m。污水源热泵热源侧稳定流量 625m^3/h，设 1400m^3 调蓄水池，选用 2 台污水源热泵机组，单台制冷量 636RT，制热量 2200kW，水源流量 481m^3/h；本系统采用污水处理厂尾水，尾水达到 A1 级排放标准，可以直接利用。污水源热泵不能满足夜间冷负荷的要求，需另增加基载冷机。根据设计日负荷分配表（即 100%负荷工况系统运行策略），设计工况下污水源热泵供冷量 30528RT · h，基载冷机供冷量 67346RT · h，双工况主机供冷量 85800RT·h，蓄冰槽 1800m^2，两层通高，蓄冰盘管蓄冰量 76000RT·h，冰量 75600RT·h，消峰率 29%。

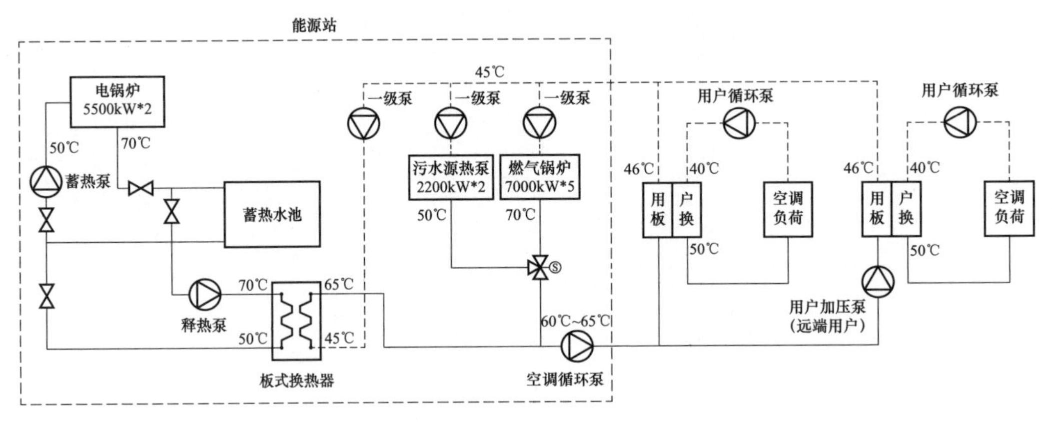

图 7－4　供热系统流程

本项目能源站供热负荷为 53.8MW，夜间热负荷为 18.29MW，夜间电锅炉蓄热时由污水源热泵/燃气锅炉进行供热。根据设计日负荷分配表（即 100%负荷工况系统运行策略），设计工况下污水源热泵供热量 105.6MW·h，燃气锅炉供热量 477.73MW·h，蓄热水槽供热量 98.69MW·h，蓄热系统蓄热量 99.0MW·h。供冷供热主要设备如表 7－17 所示。

表 7－17　　能源站主要设备表

序号	名称	规格	单位	数量	备注
1	螺杆式水源热泵机组	制冷工况：Q=2238kW（636RT），N=377kW；用户侧：5/11℃，流量 321m^3/h；水源侧：25℃/30℃，流量 481m^3/h；供热工况：Q=2200kW，N=585kW；用户侧：45℃/50℃，流量 321m^3/h；水源侧：10℃/5℃，流量 481m^3/h	台	2	污水源热泵机组
2	离心式冷水机组	空调工况：Q=2000RT（7034kW），N=1256kW；冷冻水：5℃/11℃，流量 1008m^3/h；冷却水：32℃/37℃，流量 1442m^3/h；制冰工况：Q=1400RT，N=1110kW；乙二醇：－6℃/－2℃，流量 1143m^3/h；冷却水：30℃/33.5℃，流量 1442m^3/h	台	6	双工况冷机（双蒸发器）
3	离心式冷水机组	Q=2000RT（7034kW），N=1256kW；冷冻水：5℃/11℃，流量 1008m^3/h；冷却水：32℃/37℃，流量 1442m^3/h	台	2＋1	基载冷机（预留 1 台）
4	外融冰盘管	蓄冰量 76000RTh			
5	冷却塔	G=1600m^3/h，N=60kW	台	8＋1	双工况与基载冷机冷却塔
6	燃气真空锅炉	Q=7000kW，N=22kW，天然气耗量 740m^3/h 进出水温度：45℃/70℃	台	5	
7	电热热水锅炉	Q=5500kW，N=5500kW，进出水温度：50℃/70℃	台	2	
8	卧式双吸泵	G=1200m^3/h，H=33m，n=1450rpm，N=160kW	台	6	双工况冷机乙二醇泵
9	卧式双吸泵	G=1100m^3/h，H=16m，n=1450rpm，N=75kW	台	8＋1	双工况冷机与基载制冷泵

续表

序号	名称	规格	单位	数量	备注
10	卧式双吸泵	$G=1500\text{m}^3/\text{h}$，$H=25\text{m}$，$n=1450\text{rpm}$，$N=160\text{kW}$	台	8+1	双工况冷机与基载冷却泵
11	卧式端吸泵	$G=350\text{m}^3/\text{h}$，$H=16\text{m}$，$n=1450\text{rpm}$，$N=22\text{kW}$	台	2	污水源热泵机组用户侧冷热循环泵
12	卧式端吸泵	$G=260\text{m}^3/\text{h}$，$H=13\text{m}$，$n=1450\text{rpm}$，$N=15\text{kW}$	台	5	燃气锅炉循环泵
13	卧式端吸泵	$G=520\text{m}^3/\text{h}$，$H=15\text{m}$，$n=1450\text{rpm}$，$N=30\text{kW}$	台	2	电锅炉蓄热泵
14	卧式双吸泵	$G=1800\text{m}^3/\text{h}$，$H=55\text{m}$，$n=1450\text{rpm}$，$N=400\text{kW}$	台	4	空调二级循环泵
15	卧式端吸泵	$G=300\text{m}^3/\text{h}$，$H=32\text{m}$，$n=1450\text{rpm}$，$N=37\text{kW}$	台	2	空调二级小负荷泵，1备
16	卧式端吸泵	$G=650\text{m}^3/\text{h}$，$H=30\text{m}$，$n=1450\text{rpm}$，$N=75\text{kW}$	台	4	空调热水二级泵
17	卧式端吸泵	$G=350\text{m}^3/\text{h}$，$H=16\text{m}$，$n=1450\text{rpm}$，$N=22\text{kW}$	台	3	电锅炉释热泵，1备
18	卧式端吸泵	$G=350\text{m}^3/\text{h}$，$H=16\text{m}$，$n=1450\text{rpm}$，$N=22\text{kW}$	台	3	电锅炉释热用户侧泵，1备
19	板换	换热量7500kW，一次测70/90℃，二次测45℃/65℃	台	2	

注：Q=制冷量；N=设备功率；G=冷却塔流量；H=扬程；n=转速。

主要配电方案如下。

（1）能源站用电负荷为二级负荷，采用两路20kV高压进线，两路电源互为备用，单路进线容量暂定为19000kVA，电源引自市政20kV电网。两路电源均通过20kV电缆经市政电力排管至能源站，1路电源进线距离约为1km，另1路电源进线距离约为2km。

（2）用电功率大于500kW的单台用电负荷采用10kV电压等级供电；用电功率小于等于500kW的用电设备采用0.4kV电压等级供电。

（3）站内设置2台额定容量为6300kVA的高压干式变压器为站内10kV高压负荷提供电源。10kV接线采用单母线接线，负荷平均分配在两段母线上。

（4）站内设置4台额定容量为1600kVA的低压干式变压器为站内400V低压负荷提供电源。400V接线采用单母线接线，负荷平均分配在两段母线上。

4. 投资与效益估算分析（见表7－18、表7－19）

表7－18　　项目投资

序号	项目	数额（万元）	占比（%）
1	工程费用	18649.93	83.54
2	工程建设其他费	2022.15	9.06
3	预备费	1653.77	7.41
4	项目总投资	22325.85	

表 7－19　　财务评价成果

序号	项目名称	单位	指标	备注
1	项目总投资	万元	22325.85	
2	营业收入（不含税）	万元/年	4380.95	运营期平均
3	税金及附加	万元/年	4.86	运营期平均
4	总成本费用	万元/年	3768.06	运营期平均
5	利润总额	万元/年	1422.86	运营期平均
6	所得税	万元/年	367.94	运营期平均
7	税后利润	万元/年	1063.5	运营期平均
8	财务盈利能力分析			
8.1	财务内部收益率			
	项目全部投资内部收益率（税前）	%	10.62	
	项目全部投资内部收益率（税后）	%	8.23	
8.2	财务净现值			
	项目全部投资净现值（税后）	万元	295.5	i＝8%
8.3	静态投资回收期			
	项目投资所得税前	年	8.58	含建设期
	项目投资所得税后	年	9.81	含建设期
9	盈亏平衡点	%	70.4	

5. 风险分析及对策（见表 7－20）

表 7－20　　风险分析及对策

政策风险	技术风险	收费风险
市政府相继出台各项政策，支持鼓励开发利用清洁能源，鼓励多能互补类项目建设。本项目不存在政策风险	本项目采用的技术较多，难度较大，且采用有一些较新的技术，对设计方、建设单位以及运营方的要求均较高。因此建设单位应在各个环节委托有经验的专业公司开展相关工作	建设单位应积极与用户沟通，让用户认识到冷热作为商品的属性，提高相关服务质量，聘请有技术实力和工程经验的单位和个人，讨论冷、热计量以及收费机制问题，从源头上解决收费问题

（三）项目总结

1. 项目特色和亮点

本项目的实施属于可再生能源和清洁能源的应用，在节约能源的同时对常规能源消耗有较大的替代作用，项目实施后，每年可减少标准煤燃烧 2641.1t，减排二氧化碳 6582.8t、二氧化硫 43.2t、氮氧化物 41.4t、烟尘 25.6t。既节约了能源，又改善了供热、供冷条件以及地区的环境质量，提高了居民的生活质量。

项目采用双蒸发器双工况制冷机，主机白天制冷冷水直接进入冰槽，主机比常规冷水机组传热效率高，流动阻力小，能耗低，不需要换热设备。冰蓄冷系统采用外融冰开式直供，冷冻水出开式蓄冰槽后，由冷水循环泵直接接外网供用户，取消了释冷板转换和释冷二次泵，投资可减少 5%～10%；减少换热阻力、降低供水温度，输送能耗可降低 15%～40%。此外，在冬季需要蓄热时，无需再增设蓄热罐，蓄冰槽即可用作蓄热水池。亮点突出，建成后的示范效应明显。

2. 市场开拓策略

该综合能源服务公司紧抓国家及当地政府出台的各项支持鼓励开发利用清洁能源，鼓励多能互补类项目建设政策，充分挖掘该服务中心园区客户用能需求，在方案设计上创新采用先进技术，加速调动用能单位节能积极性。

3. 项目的成效

本项目合同期为 20 年，项目效益 1100 万元左右。降低园区能耗支出，实现了园区由智慧用能向绿色用能的转型，促进了园区安全提升、品质提升、能源使用成本下降。仅污水源热泵每年冬季供热量 1257.3 万 kWh，每年可节约标准煤 2060t，减排二氧化碳 5141t，减排二氧化硫 154t，减排氮氧化物 77t，减排烟尘 1401t。

4. 项目的推广应用

本项目投运后，将给该区域提供一个稳定可靠的冷热源，且节能效果明显，符合分布式能源基本要求。项目采用多种创新技术，亮点突出，建成后的示范效应明显。项目可推广范围广、复制性强。

案例三：某市工业坊光伏 EMC 项目

（一）项目概况

1. 项目背景

该市工业坊园区建筑面积约 11 万 m^2，建有标准厂房 10 幢。为提升园区用能效率、降低用电成本，通过考察园区企业用电情况、园区资源条件，提出在园区建设分布式光伏项目方案。其中 1、3、4、5、7、9 幢光照资源良好，具备建设屋顶分布式光伏发电条件。通过对项目投资估算和效益分析，项目总投资约 591 万元，采用 EMC 合同能源管理模式实施，项目投资回收期约为 9 年。最后，对项目涉及的技术及财务风险进行评估。

2. 案例业主简介

该市工业坊园区建筑面积约 11 万 m^2，建有标准厂房 10 幢。

3. 项目实施单位

某综合能源服务公司。

4. 商业模式及融资渠道

本项目采用合同能源管理模式（EMC）节能效益分享型开展。项目总投资约 591 万元，由节能服务公司出资。

（二）项目内容

1. 项目基础条件

该项目位于某市工业园区，平均日太阳辐照量 12497kJ/m^2，年平均日照小时数 1360h。

2. 项目用能需求分析

园区建筑面积约 11 万 m^2，建有标准厂房 10 幢。电力负荷参数见表 7－21。

表 7－21　　电力负荷参数

电力负荷峰值（kW）	电负荷总量（万 kWh）	高峰占比（%）	平段占比（%）	低谷占比（%）
1600	约 158	33	41	26

3. 项目技术路线

标准化厂房中经现场勘查，适合在 1、3、7、9 幢厂房彩钢板屋顶以及 4、5 幢水泥屋顶安装光伏组件，总计面积为 32201m^2，安装容量为 1802.68kW。彩钢瓦型支架用铝合金夹具支撑在屋顶的彩钢板肋条上，针对不同瓦型采用相应夹具。现场勘查情况和主要设备技术参数见表 7－22、表 7－23。

表 7－22　　现场勘查情况

厂房编号	房屋结构	安装容量（kW）
1 号	彩钢瓦	496.1
3 号	彩钢瓦	338.58
4 号	混凝土	175.45
5 号	混凝土	193.6
7 号	彩钢瓦	211.75
9 号	彩钢瓦	387.2

表 7－23　　主要设备技术参数

序号	设备名称	规格型号
1	光伏组件	340Wp 多晶硅组件
2	组串逆变器	100kW 组串式逆变器
3	汇流箱	阳丰
4	并网柜，接入柜	无锡隆玛、正泰开关

4. 投资与效益估算分析（见表 7–24）

表 7–24　项目投资效益

光伏系统参数			
光伏装机容量（kWp）	1802.68	造价（万元）	591
25 年总发电量（万 kWh）	4339.04	年平均发电量（万 kWh）	173.56
财务情况			
光伏电消纳率（%）	80		
市电价格（元/kWh）	0.7828		
上网电价（元/kWh）	0.3910		
光伏电价（元/kWh）	0.6029		
发电收入（万元）	2314.91		
净现值（万元）	498.25		
税前投资回报率（%）	7.78		
静态回收期（年）	5.84		
动态回收期（年）	6.14		

5. 风险分析及对策（见表 7–25）

表 7–25　风险分析及对策

政策风险	施工风险	资金风险
市政府相继出台各项政策，支持鼓励开发利用清洁能源，鼓励多能互补类项目建设。本项目不存在政策风险	建设安全风险主要包括人员触电风险、高空坠落风险、吊装安全风险等，应严格按照电力工程管理要求进行管控	业主方为国资公司，经营状况、资金支付能力良好

（三）项目总结

1. 特色和亮点

（1）保护屋顶，提高屋顶使用寿命及年限，一定程度上延长屋顶的使用寿命。

（2）安装光伏前后，室内温度平均相差 5℃～8℃，一定程度降低空调能耗。

（3）本项目每年节约标准煤 97.16t，减少碳排放 252.61t，相当于植树造林 6921m^2。

2. 市场开拓策略

分布式光伏项目的全过程实施主要包含项目储备、商务谈判、项目决策、项目实施、项目运营及项目后评估等六个阶段的主要内容，如图 7–5 所示。

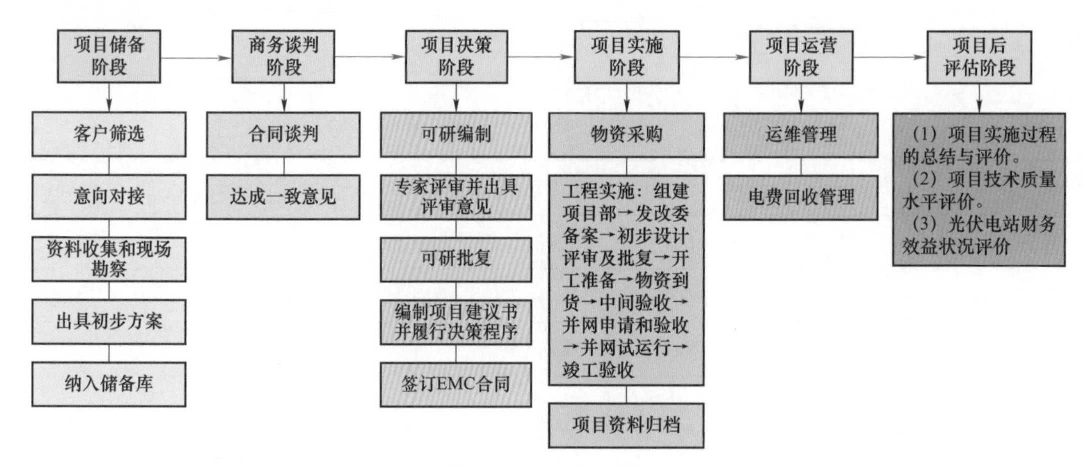

图 7-5　项目六阶段

3. 项目成效

项目合同期 25 年，园区企业零投入，降低了园区企业电费支出 10%，实现园区用能向绿色用能转型。企业可消纳 80%左右光伏发电量，项目环境效益明显，推动实现双碳目标。

4. 项目推广应用

以该项目市场开拓策略为样本，光伏 EMC 合作模式已在全国范围推广。2020 年以来，该地怡达产业园 500kW、舒城联科产业园 2.3MW、苏州安固产业园 2 期 600kW 分布式光伏发电项目等园区分布式光伏 EMC 项目已建成投运。

第二节　医院领域典型项目案例

案例一：第一人民医院综合能源服务案例

（一）项目概况

1. 项目背景

节能降耗是绿色发展过程中的永恒主题，自“十三五”以来，国务院全面加强公共机构节能，积极推进公共机构以合同能源管理方式实施节能改造，医院综合能耗高，以合同能源管理模式推进医院节能降耗市场潜力巨大。

2. 案例业主简介

某市第一人民医院始建于 1953 年，是皖西南地区规模最大的三甲综合医院。医院计划新建的院区坐落于该市北部新城，规划用地面积 282.7 亩，建筑面积 23.9 万 m^2，空调使用面积 13.5 万 m^2，建设医疗床位 1700 张，养老床位 1000 张。

3. 项目实施单位

某综合能源服务有限公司。

4. 商业模式及融资渠道

本项目采用合同能源管理模式（EMC）能源费用托管型开展，由某省综合能源服务有限公司提供从项目的规划设计、设备采购、施工建设、以及后期的运维管理全过程服务。项目总投资 3707 万元，所需资金由综合能源公司通过自筹方式解决。

（二）案例内容

1. 项目基础条件

气象条件：该地区属亚热带沿江季风性湿润气候，四季分明，年平均气温 14.5℃～16.6℃，年平均降雨量 1300～1500mm。

供电条件：2020 年该省工商业及其他用电单一制 1～10kV 峰谷分时电价如下。

高峰电价：7、8、9 月 0.9792 元/kWh，其他月份 0.9158 元/kWh；

平段电价：0.6048 元/kWh；

低谷电价：0.3629 元/kWh。

供水条件：市政管网供水，单价 3.33 元/m^3。

供气条件：该市管道非居民工商企业用气实行量价挂钩政策。

第一档：年用气量 100 万 m^3 以下，均按 3.04 元/m^3 执行；

第二档：年用气量 100 万 m^3 至 300 万 m^3，均按 2.94 元/m^3 执行；

第三档：年用气量 300 万 m^3 至 500 万 m^3，均按 2.89 元/m^3 执行；

第四档：年用气量 500 万 m^3 以上，均按 2.84 元/m^3 执行。

2. 项目用能需求分析（见表 7－26）

医院主要用能需求为冬季空调采暖、夏季空调制冷、医院生活热水以及消毒蒸汽，具体供应时间及需求量如表 7－26 所示。

表 7－26　　项目用能需求

建筑类型	医院	建筑面积	239042m^2
供暖（冷）时间	12 月 15 日—次年 3 月 15 日 6 月 15 日—9 月 30 日	日供暖（冷）时间	住院楼 24h， 其他区域约 10h
生活热水供应时间	24h	消毒蒸汽供应时间	8:00—20:00
冬季供暖需求	60W/m^2	夏季供冷需求	100W/m^2
生活热水需求	50L/床位	消毒蒸汽需求	280kg/h

3. 项目技术路线

由于医院建筑面积较大，为确保用能供应的经济性及稳定性，经过反复比较研究，最终确定建设“一站式”综合能源供应系统（见图 7－6），并搭建能耗监控管理平台（见图 7－7）的能源解决方案。

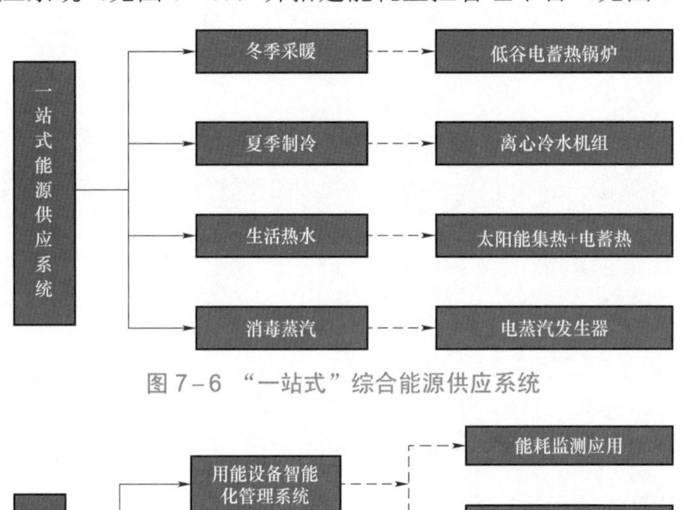

图 7－6 “一站式”综合能源供应系统

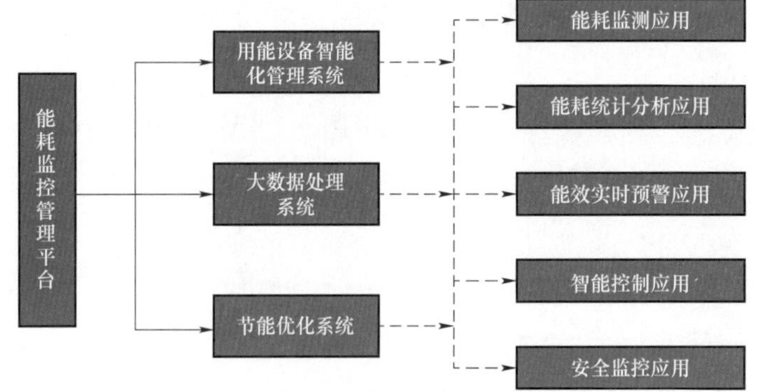

图 7－7 能耗监控管理平台框架图

（1）“一站式”综合能源供应系统。

项目为第一人民医院建设综合能源站 2 座，屋顶生活热水装置 7 套，电蒸汽锅炉 3 台。1 号能源站外观如图 7－8 所示。能源站热源采用蓄热式电锅炉供暖，冷源采用离心式冷水机组制冷，生活热水采用太阳能集热＋电蓄热系统供应，消毒蒸汽采用电蒸汽锅炉供应。

冬季采暖：采用低谷电加热蓄能技术，现场安装 2 台一体式电蓄热锅炉采暖系统，蓄热体积 1600m^3，夜间 23:00—次日 8:00 低谷期间进行电加热，将水加热到 95℃存储，利用板式换热器交换为 50℃热水，送入医院风机盘管系统循环到末端供采暖使用。

夏季制冷：选用技术成熟、能效比高的离心式冷水机组作为制冷主机，共安装 10kV 离心机组 1 台，0.4kV 离心机组 4 台，总制冷量 5500RT。其中低压机组采用变频技术，自动根据工况调整负荷输出，减少耗电功率，达到最佳能效比。同时利用蓄能水箱进行部分蓄冷，减少高峰用电。

生活热水：采用太阳能集热结合电加热蓄能热水系统，日照良好时利用太阳能加热，太阳能不足时，利用蓄热电热水锅炉加热至 60℃存储，采用恒压方式供应生活热水，在每栋住院楼楼顶均设置太阳能热水＋蓄热式电锅炉系统，保证了医院生活热水的稳定充足供应。

图 7－8　1 号能源站外观

消毒蒸汽：为解决医院医疗器械、手术衣布等的消毒需求，在医院消毒中心安装 3 台（两用一备）电蒸汽锅炉发生器，提供 180℃高温高压蒸汽供消毒使用，每小时可供应蒸汽 280kg，采用自动化控制技术，即开即用，方便快捷，安全可靠。

（2）能耗监控管理平台（见图 7－9）。

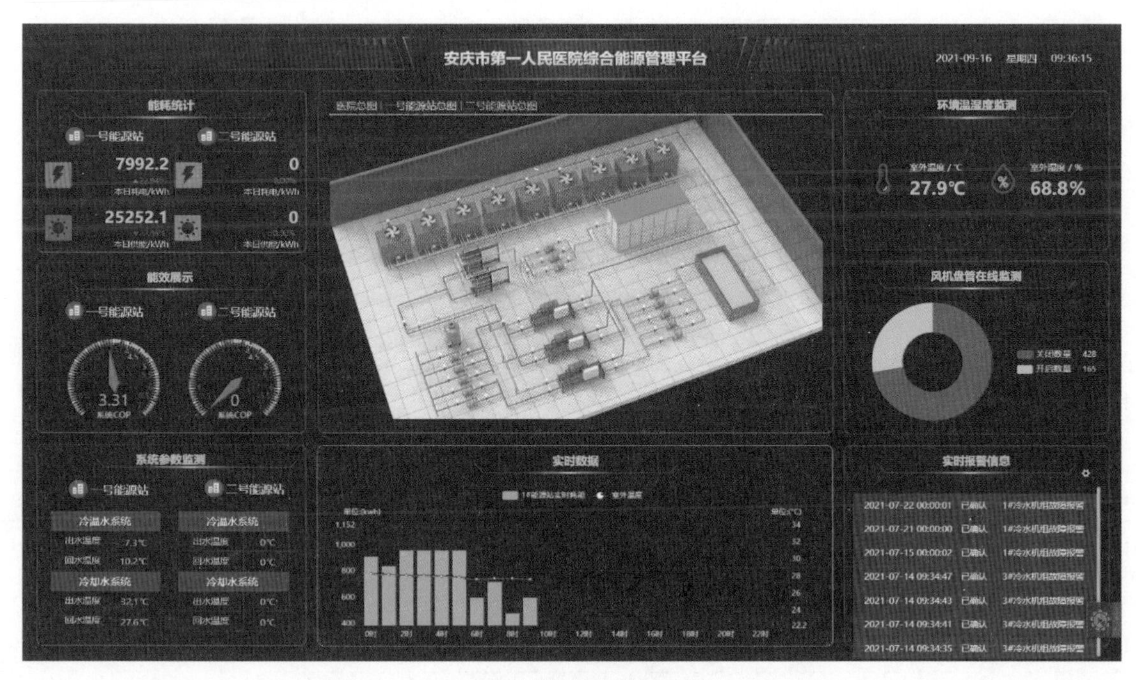

图 7－9　能耗监控管理平台

用能设备智能化管理系统：在能源站新增节能控制柜、变频智能控制柜、阀门控制箱、冷（热）量表和传感器，确保系统指令对所有设备状态精准控制；通过在能源站配电房、制冷机房部署红外半球摄像机、配变监测装置、温湿度传感器，全过程动态监测能源系统的运行状态，配电房内设备运行状态及环境状态，并对异常数据及状态进行报警，快速通知值班人员及时排查现场故障。

大数据处理系统：涵盖三个模块，能源数据采集模块通过采集装置、智能网关等设备，采集电、水、气等重要能源计量数据，储存模块一方面将数据存入数据库中，一方面结合数据质量处理引擎，自动对异常数据进行处理，数据处理模块涵盖了数据计算、数据查询、数据展示。

节能优化系统：系统分三个控制层级，主机系统智能控制层级建立系统设备模型，实时调整运行策略，冷却/冷冻水泵智能控制层级动态确定供回水压差的设定点，智能调整水泵台数与变频器频率，末端设备人工智能控制层级对多区域的活动状态进行精确捕捉，实行监测统一调配。

4. 投资与效益估算分析（见表7-27、表7-28）

表7-27　　项目投资

序号	项目	数量	投资（万元）
一	采暖部分		1533
1	电热锅炉	2台	800
2	蓄热分层装置	1台1200m³，1台400m³	503.68
3	板式换热器	3台	24
4	循环水泵	3台	27.75
5	系统控制柜	1台	4
6	设备安装	/	147.31
7	规费及税金	/	26.61
二	制冷部分		1604
8	水冷离心冷水机组	5台	950
9	冷冻水泵	8台	140
10	冷冻水泵	8台	84
11	横流方型冷却塔	12台	220
12	系统控制柜	2台	4
13	设备安装	/	174.67
14	规费及税金	/	31.08
三	热水部分		364
15	门诊住院部蓄热式电热水锅炉GNCB210-30000	3台	60
16	2500根太阳能集热系统（含过渡水箱）	3套	75

续表

序号	项目	数量	投资（万元）
17	养护中心蓄热式电热锅炉 GNCB120－1500	4台	80
18	1500根太阳能集热系统（含过渡水箱）	4套	92
19	系统安装	/	48.53
20	规费及税金	/	8.64
四	蒸汽部分		20
21	100kW 蒸汽发生器	3套	18.0
22	蒸汽发生器安装	/	1.8
23	规费及税金	/	0.32
五	配电投资		168.7
24	变压器	4台	58.0
25	高压配电柜	7面	28.0
26	低压配电柜	15面	35.0
27	配电设备安装	/	43.0
28	规费及税金	/	4.07
六	其他费用		17.3
项目投资合计			3707

表7－28　　项目财务评价数据

序号	内容	数量	单位
1	能源托管年限	15	年
2	年能源托管费用	1400	万元
3	投资金额	3707	万元
4	静态投资回收期	6.03	年
5	内部收益率	12.62	%

5. 风险分析及对策（见表7－29）

表7－29　　风险分析及对策

技术风险分析	财务风险分析
技术风险：离心式空调机组、电蓄热锅炉、电蒸汽发生器等关键设备的可靠性、技术领先性等性能指标需论证与检验	财务风险：本项目由综合能源服务公司投资建设，第一人民医院在合同能源托管期内按季度支付托管费用，年托管费用金额较大
防范措施：开展市场调研，检验技术、产品的先进性、适用性和可靠性	防范措施：督促医院加强现金流管理，做好现金流量、支付周期预测及计划工作，保障资金按期支付。该医院为三级甲等综合医院，具有较强的履约能力，风险可控

（三）项目总结

1. 项目特色和亮点

本项目作为公共机构领域能源托管服务的典型示范项目，项目整体具有以下特点。

（1）综合能源利用的高效化管理。建设综合能源站、屋顶分布式热水装置，电蒸汽发生器，搭建了“一站式”综合能源供应系统，从设计初到建设运营期间，采取低谷电蓄热（冷）技术，提供集中式二次能源的联合供应，将冷暖空调、生活热水、消毒蒸汽等多种用能统筹管理、综合利用，最大程度上优化负荷特性，提高能源利用效率。

（2）基于数据应用的精细化管理。结合用能优化控制、智能运维、CPS等相关概念，将能源站数据、末端用能数据、配电房监控数据等进行远程控制和可视化展示，对能源转化、传输和使用环节开展数据诊断、分析，及时响应末端负荷变化，自动完成能效优化控制，与建筑业态、气候环境、人流变化智能互动，实现大楼用能系统的用能优化、节能降耗、智能运维。

（3）合同能源托管的先进化管理。该本项目采用费用托管型合同能源管理模式，以科学的能源管理模式、专业化的能源管理能力，以及先进技术的应用，为客户提供了省心、省力、高效的一揽子解决方案，合同操作简单、权责清晰，不易产生纠纷，无可预见明显风险，由专业人员管理运维，提高了医院能源利用效率及用能稳定性，打造了互利共赢的生态圈，助力国家“双碳”目标实现和能源安全新战略落地。

2. 市场开拓策略

以“供电+能效服务”为手段，深入了解客户用能需求，建立项目储备库，根据不同类型客户的用能特点，为客户量身定制电、冷、热、水、气（汽）的能源服务方案，实施电能替代，提升客户整体能效水平，降低客户用能成本。

3. 项目成效

（1）经济效益。采用高效的能源集中供应模式及先进的能效控制技术，医院能源使用效率较传统方案可提高16%，每年可节约费用超过100万元，另外还节省了大量的人工成本。

综合能源公司每年营业收入超过1400万元，预计6年可收回投资成本。另外由于燃气改电，每年增加用电量约600万kWh，进一步提高了公司的市场占有率。

（2）社会效益。医院采用蓄热式电锅炉无污染、无噪声、零排放，年替代电量600万kWh，每年可减少163.2万kg碳粉尘、598.2万kg二氧化碳、18万kg二氧化硫排放。

冬季采暖热水、夏季空调冷冻水、以及卫生热水采用集中供应模式，稳定高效，医院末端用户舒适度更高。电蓄热锅炉为常压设备，无爆炸风险，采暖、供冷、热水系统均采用自动化控制技术，可实现故障自动断电及报警功能，安全可靠。

4. 项目推广应用

综合能源托管运维项目，采用合同能源管理模式，提供采暖、供冷、生活热水、消毒蒸汽等服务，使用夜间低谷电蓄能，提高能源使用效率，为用户节约能源费用。广泛适用于医院、酒店、商业体、办公楼、高铁站等冷热需求量大的公共建筑。

案例二：市人民医院合同能源管理项目

（一）案例概况

1. 案例背景概况

国务院《“十三五”节能减排综合工作方案》（国发〔2016〕74号）文件要求全面加强公共机构节能。推进公共机构以合同能源管理方式实施节能改造，积极推进政府购买合同能源管理服务，探索用能托管模式。

2. 案例业主简介

某市人民医院坐落在该市主城区中心地带，古城十景之一的百荷公园旁，占地面积7.8万m^2，建筑面积13.5万m^2。医院始建于1970年，为该市唯一一所“三级甲等”综合性医院，是该市医疗、教学、科研、急救和健康管理中心。医院正在新建外科大楼，需要增容配电系统。

3. 项目实施单位

某综合能源服务有限公司。

4. 商业模式及融资渠道

本项目整体实施采用合同能源管理费用托管＋工程模式，综合能源公司以契约形式约定承包整体运维费的方式为医院提供节能服务；新建外科配电工程由医院投资建设。

医院投资部分：新建外科楼的配电工程；

综合能源公司投资部分：新楼的综合能源改造工程、智慧运营综合能效平台；

综合能源公司负责储热改造设计和施工及蓄能电价申报；并按照中标的运维费用承接医院电力运维及能源运营。

（二）案例内容

1. 项目基础条件

气象条件：该地区属暖湿性亚热带季风性气候，四季分明，雨量充足，年平均气温16.5℃，年平均降雨量1400～2200mm，年均日照率45%。

供电条件：2020年该省工商业及其他用电单一制1～10kV峰谷分时电价如下。

高峰电价；7、8、9月0.9792元/kWh，其他月份0.9158元/kWh。

平段电价：0.6048元/kWh。

低谷电价：0.3629元/kWh。

供水条件：市政管网供水。

供燃气条件：平时价格为 3.63 元/m^3；供热季节价格为 3.73 元/m^3。

2. 项目用能需求分析

根据表 7－30 得出，医院前三年平均能源费用为 1000.2 万元。燃气系统年运行费用约 286.09 万元，占总运行费用的 28.5%；空调系统用电年运行费用约 252.5 万元，占总运行费用的 25.2%，空调及燃气能耗占比较高。如图 7－10 所示。

表 7－30　医院 2017—2019 年能源费用统计

项目	单位	2017 年	2018 年	2019 年
水费	万元	131.56	127.02	138.04
电费	万元	595.94	602.12	547.63
燃气费	万元	272.73	311.32	274.24
小计	万元	1000.23	1040.46	959.91

3. 配电工程建设内容

医院周边电源点现状：医院目前主供电源为江口变 10kV 外贸柜 115 线，备用电源为江口变 10kV 国税所 121 线，两条线路均已满负荷运行。

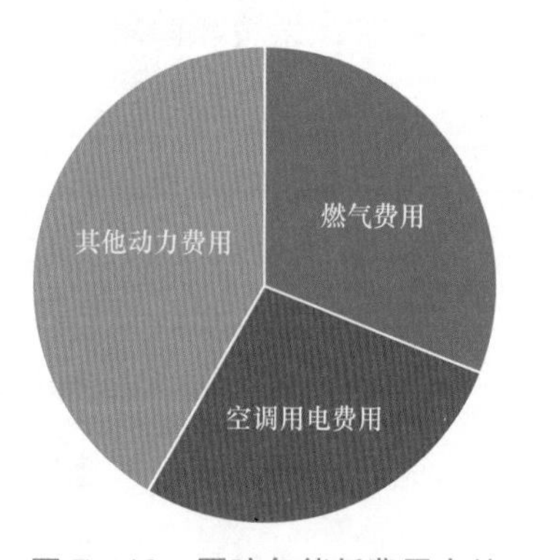

图 7－10　医院各能耗费用占比

医院配电外线方案：综合能源公司基于智能电网，利用大数据及人工智能技术开展医院用能监测和分析。提供电力外线方案如下：主供电源采用翠柏北路与清风西路交口环网柜 10kV 开关接入，备用电源从百牙中路环网柜 10kV 开关接入，待 110kV 百牙变电站建成后主供电源接入 10kV 待用间隔。

医院新建 10kV 开闭所采用两路电源进线，第一路电源由百牙路环网柜 10kV 一院专变 113 开关接入新建开闭所，电缆采用 YJV22－15/8.7kV－3×400mm^2 敷设。第二路电源由清风西路杏村变电站 10kV 蓝江 141 线#5 高分更换为 VVVV＋PT 环网柜其中一间隔接入。电缆采用 YJV22－15/8.7kV－3×400mm^2 敷设。通过负荷调整，在满足人民医院用电要求的同时也降低医院外部电源投资费用。综合能源公司以 779.8 万元中标医院配电增容及院内开闭所工程，包含相关工程的方案设计、设备采购、运输、安装、调试、服务等内容；提供 10 年的免费维保（两年质保，八年免费维保不含材料，材料另行计算）。

4. 综合能源改造内容及技术路线

（1）制冷站房空调智能化系统。以能源管理中心、模糊能效站、自适应节能仪、传感器等硬件为核心，集成了闭环控制技术、模糊控制技术和大数据控制技术，以中央空调系统变负荷运行为基点，对冷热水循环、冷却水循环、冷却塔及风机盘管等系统进行全面的优化调节。

节能控制范围为：综合楼冷水机组、内科大楼冷水机组、冷热泵冷却塔、末端部分风机盘管。将医院空调能源系统集成到能源管理平台。采用中央空调能源管理控制系统，在综合楼、内科楼空调机房现场分别设置一套冷热源模糊能效站，对系统主要设备加装电量计量系统，能源管理中心记录各设备年、月、日的能耗情况。

（2）空调末端设备智能化。针对风机盘管系统实现统一监视、管控，针对不同的功能需求进行针对性的调控，后台空调远程控制系统的温控策略实现空调的自动开关，自动温度调节，风速调节，保持空调所在地的温度处于合理范围，从而达到节能、远程集控的目的。

（3）集中供暖+生活热水采用电蓄热技术。供暖系统改造主要涉及一期内科大楼、二期新建外科大楼；蒸汽系统主要范围为洗衣房、厨房以及消毒中心；生活热水系统主要涉及新建外科大楼。

供暖系统：新系统采用电加热蓄能技术，利用低谷时段将蓄热水箱下层的低温水抽出加热，加热后的热水（95℃）储存在水箱上层，直至将水箱中的水全部加热到95℃时停止加热。采用水板式换热器，将 95℃的热水交换成 50℃～55℃的热水，送入风机盘管系统。新建蓄热水箱、水水交换器及相关配套装置等，原有一次管道大部分更换。

热水系统：新外科大楼采用太阳能集热结合电加热蓄能热水系统，日照良好时利用太阳能加热，太阳能不足时，利用蓄热电热水锅炉加热至 60℃存储，采用恒压方式供应生活热水，保证了医院生活热水的稳定充足供应。

（4）蒸汽系统改造。为解决医院医疗器械、手术衣布等的消毒需求，在医院消毒中心安装 2 台（一用一备）电蒸汽发生器，提供高温高压蒸汽供消毒使用，采用自动化控制技术，即开即用，方便快捷，安全可靠。

在过渡季节，供暖已经停止，主要用汽区域为洗衣房，日需要蒸汽量较小，存在大马拉小车现象，同时蒸汽管道较远、管道保温破损。因此衣房区域单独采用电蒸汽发生器以保障洗衣房的用气。

（5）智慧运营综合能效平台建设。为医院打造一站式运维中心，定制化智慧运营综合能效管理服务平台，通过物联网使设备互联互通。利用 AI 人工智能构建安全用能和预防式维护体系，优化流程，建立标准，自动分类派单，整合线上线下资源，实现安全、品质、效率的提升并大幅降低后勤运营成本。平台建设包括以下子系统。

能耗管理系统：能源管理系统建设范围主要包括对医院内电耗、水耗、空调能耗、蒸汽消耗、燃气消耗情况进行全面的统计分析，实现全面、集中、统一的展示与管理，实现监管控一体化，也为后期能源托管结算提供依据。

设备生命周期管理系统。针对医院在日常设备管理中暴露出的问题，建立设备生命周期管理系统，以设备、设施台账为基础，工单的提交、审批和执行为主线，以提高运行效率、降低总体维护成本为目标，提供缺陷故障、保养管理、巡检等多种维修保养模式，实现对设备、设施全生命周期管理，支持设备、设施管理的持续优化。同时，通过对运维服务的闭环管理和运维人员的分析考核，有效提高运维服务质量和效率。

设备安全保障综合监控系统。综合监控模块旨在掌握医院后勤保障的各机电子系统的安全运行状态，重点包括各机电设备站房和重点设备，重点关注设备运行安全，第一时间掌握其告警问题点等情况。重点监测区域需做到各机电、电气设备的全面监测（设备状态和视频形态）。综合监控模块的建设范围包括院内所有产权内设备，覆盖电专业、水专业、暖通专业、视频监控专业等，不包括医院医疗相关设备。综合能效平台界面如图 7－11 所示。

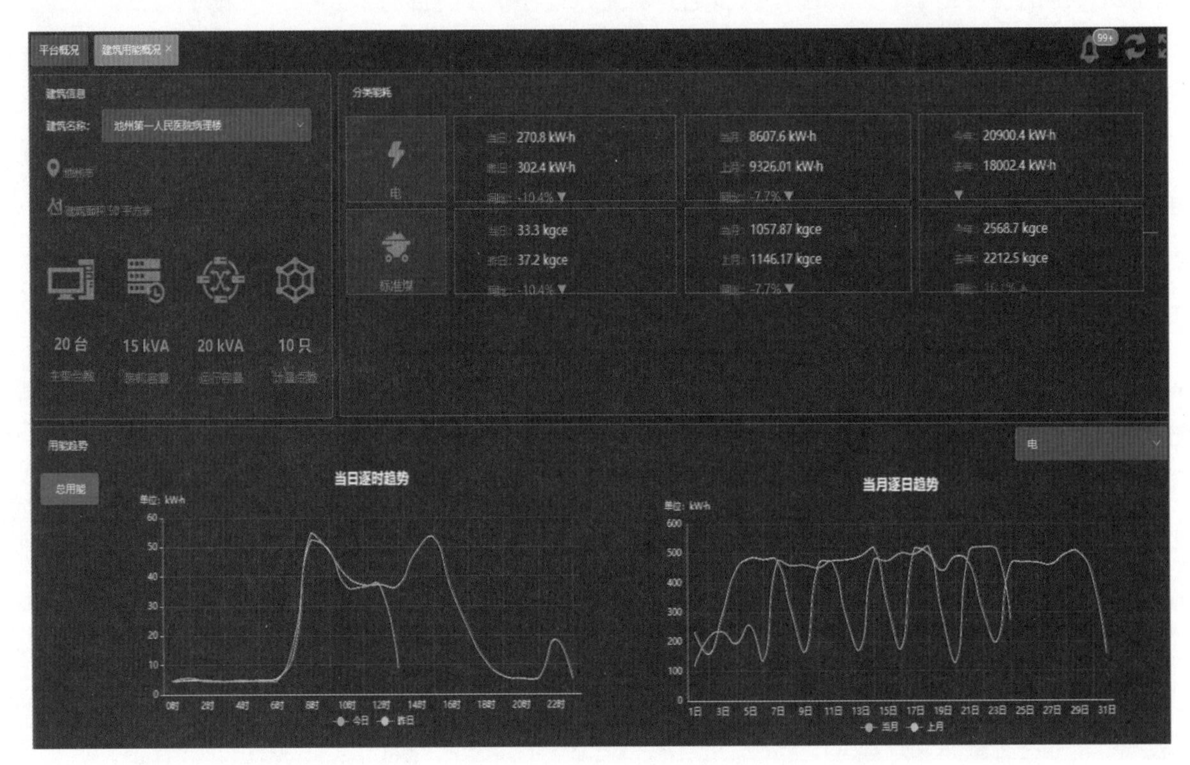

图 7－11　综合能效平台界面

5. 投资与效益估算分析（见表 7－31、表 7－32）

表 7－31　　能源改造内容造价

序号	内容	数量	单位	造价（万元）
1	电蓄热采暖改造	1	项	288.24
2	蒸汽系统改造	1	项	49.00
3	空调系统智慧化改造	1	项	55.38
4	配套线缆等投资	1	项	95.5
5	合计	1	项	488.12

表 7－32　　投资收益率测算

序号	内容	数量	单位
1	能源托管年限	10	年
2	年能源托管费用（含水、电、燃气）	1105.2	万元
3	投资金额	488.1	万元
4	年直接经济收益	103.23	万元
5	静态投资回收期	4.73	年
6	内部收益率	11.4	%

6. 风险分析及对策

资金风险：财务评价计算期采用 10 年，项目投资 488.1 万元，静态投资回收期不大于 6.66 年，项目年化收益率不低于 8.3%，满足收益要求。人民医院为非盈利性公立医院，具有履约能力，风险可控。

技术风险：该工程所采用的电蓄热锅炉等技术属于成熟技术，技术风险可控。

（三）案例总结

1. 项目特色和亮点

本项目结合医院用能实际情况，充分利用电能供应及转化方式灵活的特点，提供改造方案技术成熟，使用蓄热式电锅炉代替传统燃气锅炉进行供热，蓄热式电锅炉通过利用低谷电进行蓄能，在高峰期进行放热，具有运行经济、安全可靠的特点。项目整体实施采用合同能源管理费用托管＋工程模式，操作简单、权责清晰，不易产生纠纷。

2. 市场开拓策略

以客户经理为支撑，根据用户的用电报装需求来统一协调综合能源公司进行联动服务，在给用户提供用电报装及运维服务的过程中拓展综合能源服务。

3. 项目成效

（1）经济效益。本项目综合能源公司共计投资 488.1 万元，项目实施后，综合能源公司年收取能源托管费用约 1105 万元，10 年托管期共计收入 1.105 亿元，扣除项目运营成本及项目投资，项目利润约 544.2 万元，项目投资回收期约 4.73 年，项目内部收益率为 11.4%。

（2）社会效益。该市人民医院原有 3 台燃气锅炉年耗气量约 78.5 万 m^3，本项目以电代气，每年减少标煤 555.3t，相当于每年减少的 1384.4t 二氧化碳、41.65t 二氧化硫及 377.63t 烟尘的排放。

该市人民医院为地区唯一一所“三级甲等”综合性医院，同时作为省节能先进单位，在满足安全可靠、经济高效运行的基础上，通过采用能源托管模式带头响应国家节能减排、安全环保要求，并率先作表率，为低区节能减排做出了典范宣传。

4. 项目推广应用

综合能源公司以人民医院为样板，在该市范围内进行推广，取得了良好效果，已与该市儿童医院签订了合作协议，该市的第二人民医院、中医院等用户也正在洽谈中。同时根据各个项目业态及需求不同，综合能源公司结合电蓄热技术、太阳能光伏发电等技术，因地制宜地在全市各类业态及建筑进行推广。

第三节　商业广场领域典型项目案例

案例一：世贸中心商业裙房部分用能优化服务项目

（一）案例概况

1. 案例背景概况

某市世贸中心坐落于该市国际商贸城金融商务核心区，于 2010 年 12 月 27 日奠基，2014 年底竣工，整体用地面积 4.95 万 m^2，建筑面积 48.5 万 m^2，由一幢 260 米超高层五星级酒店、三幢各为 150m 高的公寓式酒店和高档住宅，以及 14.8 万 m^2 超大面积的商业裙房组成。本项目主要针对商业部分进行能源消耗及节能分析。

节能服务公司首先通过对商场整体冷、热、电等多种用能需求进行梳理分析，发现商场现有冷热源供能设备已老旧，同时受制于天然气供气紧张时涨价和停气因素，且经济性低、能耗高，严重影响商业广场供冷及供热需求。针对此种情况，通过对现有的天然气机组和配电系统进行整体升级改造，实施“全电气化”制冷制热的工程技术方案，方案在满足供能需求的同时，提升能源利用效率。通过对项目投资估算和效益分析，项目总投资为 1108.44 万元，采用 EMC 合同能源管理模式实施，项目投资回收期约 4.5 年。最后，对项目涉及的技术及财务风险进行评估。

2. 案例业主简介

某控股集团有限公司是一家根植中国、通达全球、专注创新赋能的产融结合的大型民营集团。自 1995 年创建以来，将实体经营的智慧融通于金融投资，已涉及饰品、制造、地产、金融、互联网、投资等多个行业。截至 2018 年 4 月，旗下有 1 家上市公司，近百家全资子公司及控股公司，逾 40 家参股公司。

3. 项目实施单位

某综合能源服务公司。

4. 商业模式及融资渠道

本项目采用合同能源管理模式（EMC）能源费用托管型开展。项目总投资为1108.44万元，由某综合能源公司投资建设。

（二）案例内容

1. 项目基础条件

（1）地理位置。该世贸中心商业广场属于市核心地块，如今由于天然气价格上涨和供气紧张，面临着能耗费用过高的现状。广场于2014年开业，至2021年已达7年之久，由于使用较长时间，能源系统已经老化，近年来的能耗始终居高不下，且逐年上升，成为中心城区的能耗大户。

（2）气象条件。该市属亚热带季风气候，温和湿润，四季分明，年平均气温在17℃左右，平均气温以7月份最高，为29.3℃，1月份最低，为4.2℃。年平均无霜期为243天左右，年平均降水量为1100～1600mm之间。

（3）供电条件。根据该市项目实施前电价政策，电价如下（单位：元/kWh）：尖峰时段1.1636，高峰0.8656，低谷0.3536。一般工商业尖峰时段：19:00—21:00，高峰时段：8:00—11:00，13:00—19:00，21:00—22:00，低谷时段：11:00—13:00，22:00—次日8:00。

（4）供冷、供热条件。项目的冷热源设备为远大牌直燃型溴化锂吸收式冷热水机组（天然气动力型），安装于商业广场负一层机房内，设备安装于2013年，4台机组的制冷量均为4652kW，供热量为3582kW。

（5）供气条件。根据项目实施前该市天然气价格政策，工商业用气为3.5元/m^3，冬季采暖季12月至次年3月3.75元/m^3。

2. 项目用能需求分析

该世贸中心商业广场建筑面积为14.8万m^2，共有四层，原冷热源配置能源单一（主要是天然气），受燃气公司及市场供气影响较大，同时为实现节能减排、能源梯级利用、提高能源利用效率的目标，通过对现有的天然气机组和配电系统进行整体升级改造，实现供能多元化制冷制热。

（1）冷热量需求分析。中央空调制冷主机为直燃型溴化锂吸收式冷热水机组，位于商业广场负一层机房内，设备安装于2013年，4台机组的制冷量均为4652kW。溴化锂空调机组已投入使用7年，机组效率开始衰竭，真空度不够，制冷效率下降，经济性能低、能耗高，同时因天然气供需失衡，燃气公司供气压力较大（主要为保一类用户），存在间断停气和所供天然气压力不够等问题。

另外，商业广场制冷机房内分设冷冻水泵、冷却水泵各5台，冷却泵功率为160kW，4用1备；冷冻水泵功率110kW，4用1备。其中主管部分现状：管道老旧生锈、管道阻力增大导致水泵电流过载，烧坏电机，阀门难以关闭。水泵的开启关闭基本上与溴化锂机组一致。由于直燃机制冷效率低，排热负荷高，配套的冷却水泵功率也较大。水泵阀门难以完全关闭，跑漏现象产生冷热量的损失，导致运行费用相对过高。

（2）供配电系统。中央空调配电房位于空调机房东侧动力及控制柜集中安放区域，主电缆为地下总配电房引入的 380V 低压电缆。原制冷主机采用直燃型溴化锂机组，用电负荷主要为燃烧机电机功率，其功率较小，如更换为离心式冷水机组，原有用电容量满足新的用电需求（备用较多），不需要对配电房进行增容改造。

（3）监测与控制系统。本项目的直燃型溴化锂机组自带控制系统，实时监测运行参数。中央空调无整体的自控系统，不具备联运功能，设备启停均由运行班组人员手动控制。机组用能由燃气公司直接计量，由商业广场值班人员不定期抄表，实行预交费模式。水泵系统无单独计量电表，其能耗数据无记录。需对本项目的监测与控制系统进行整体升级改造，以实现群控。

3. 项目技术路线

由于广场中央空调系统运行时间较长，能效较差，结合现场实际运行情况及商业广场入住率等，综合考虑新增设备及增加水蓄冷系统，总体多用低谷电，白天尖峰段及高峰段尽量少开或不开主机，减少用电费用。主要方案如表 7－33 所示。

表 7－33　　项目方案

序号	项目名称	型号规格	单位	数量	功率（kW）	总功率（kW）	备注
1	离心式制冷主机	制冷量：3868kW、输入功率：636.5kW	台	2	636.5	1273	1100RT
2	冷却泵变频柜	单台变频器功率 110kW，含系统成套	台	4	110	440	
3	冷冻泵变频柜	单台变频器功率 160kW，含系统成套	台	4	160	640	
4	冷却塔变频柜	单台变频器功率 22kW，两台冷却塔一组柜含系统成套	台	2	44	176	
5	蓄能罐	容量 3500m^3，有效使用率 85%，碳钢材质，不锈钢双层布水器，100mm 聚氨酯发泡保温	台	1	0	0	
6	蓄能泵	流量：300m^3/h，扬程：20m，功率：22kW	台	2	22	44	
7	释能泵	流量：400m^3/h，扬程：20m，功率：30kW	台	2	30	60	
8	集控系统柜	PLC 控制柜，含西门子模块，触摸屏，系统成套等（点位见详细清单）	台	1	\	\	
9	电动阀	电动开关阀、电动调节阀、冬夏季切换阀等	项	1	\	\	
10	传感器	温度传感器、温度变送器、压力传感器、压力变送器、压差旁通阀等	项	1	\	\	
11	气候补偿器	根据室外温度调节负荷	台	2	\	\	冬季
12	主机主电缆	从配电房到主机上端头	项	1	\	\	
13	线缆	控制电缆、通讯线缆等	项	1	\	\	

续表

序号	项目名称	型号规格	单位	数量	功率（kW）	总功率（kW）	备注
14	软件	PLC 控制软件，针对本项目特征开发	项	1	\	\	
15	安装及调试	系统设计、安装、调试、试车、投运等	项	1	\	\	

4. 实施性分析

（1）基础：本项目负一层现空调机房旁空闲停车位重新规划一个空调机房，设置两台主机及 5 台水泵基础，制冷机组每台运行重量为 15.899t，2 台运行重量为 31.798t；对原有消防水池（1000m^3）进行改造扩容到 4000m^3，设置布水器并实施保温、防水等，作为消防及蓄能罐共用。同时原制冷机房水泵动力柜增加变频器及成套设备（原有柜子移除，新增水泵动力柜及集中控制柜，与增加的空调系统形成整体控制系统）。新增系统主要为原溴化锂系统的日常使用及备份，同时溴化锂系统在制冷季节用电高峰期仍然参与系统供冷，冬季采暖由原有溴化锂系统进行供能。

（2）设备尺寸：本项目新增两台制冷主机，尺寸为 5392mm × 3260mm × 3102mm。冷却泵和冷冻泵利用原系统水泵，在进出水管做分支，并加装电动阀及手动阀进行两套系统间切换使用。新增蓄能泵尺寸为 896mm × 515mm × 795mm，基础尺寸为 880mm × 720mm × 200mm；新增释能泵尺寸为 990mm × 510mm × 815mm，基础尺寸为 950mm × 720mm × 200mm。

（3）设备安装：本项目原有设备安装于商业广场负一层机房内，新增设备安装于负一层新建机房内，需要拆除机房部分的墙壁，同时需要重新浇筑混凝土基础及排水沟等。

（4）供电改造：本项目需要改造原机房内设备动力柜（主要是水泵动力柜），把原有水泵工频动力柜拆除，换成新增变频动力柜。在新建机房内增加蓄能水泵和释能水泵动力柜，同时新增系统集成 PLC 控制柜，把原系统与新系统进行系统集成及设备集中控制。

（5）冷热源进一步优化——群控系统：

本项目对中央空调系统冷热源实施进一步用能优化服务，建设群控系统。通过专业化的服务，优化空调系统运行策略，依据末端负荷需求，动态调整，提供优化的运行工况和控制策略，从而总体降低整体能耗，提升商业广场的营商环境。相关原理及网络架构如图 7－12、图 7－13 所示。

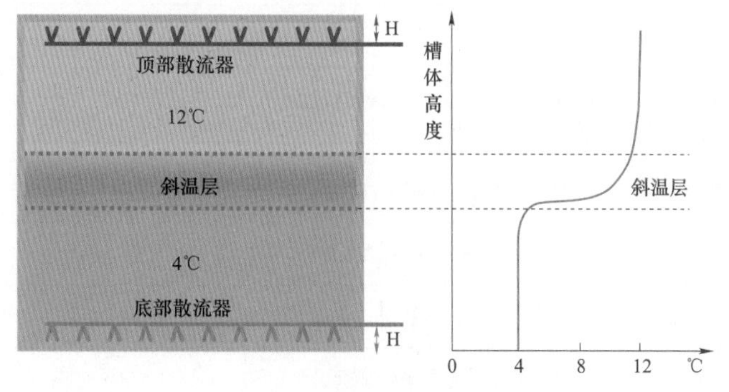

图 7－12　蓄能罐的自然分层原理

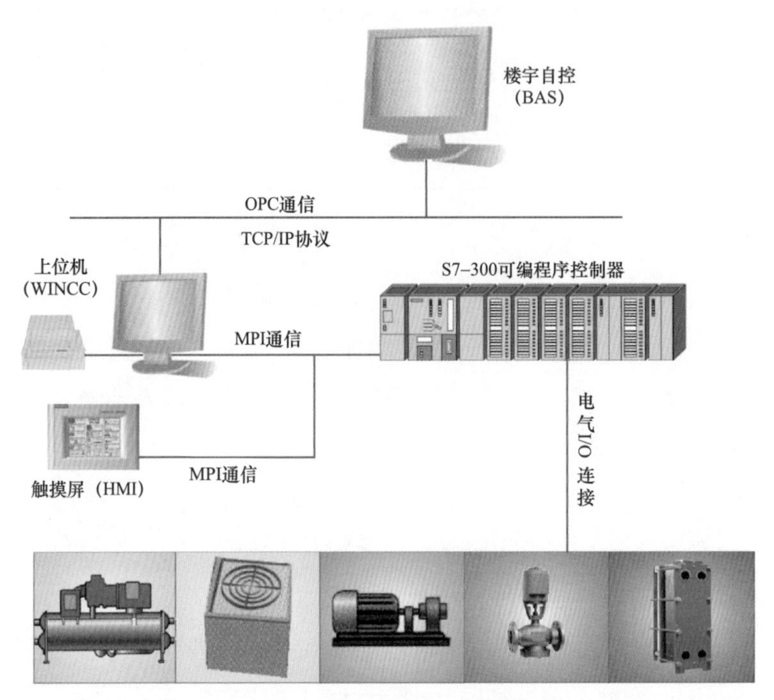

图 7－13　自控系统网络架构示意

5. 投资与效益估算分析（见表 7－34）

表 7－34　　合同期内项目投资估算

合同期内项目投资估算		
1. 项目一次性投资		
改造系统名称	具体内容	投资（万元）
离心式冷水机组	制冷量：3868kW，输入功率：636.5kW	532.24
冷却泵变频柜	单台变频器功率 110kW，含系统成套	18.60
冷冻泵变频柜	单台变频器功率 160kW，含系统成套	23.20
冷却塔变频柜	单台变频器功率 22kW，两台冷却塔一组柜含系统成套	11.20
蓄能罐	容量 3500 立方，有效使用率 85%，碳钢材质，不锈钢双层布水器，100mm 聚氨酯发泡保温，彩钢瓦防护	350.00
蓄能泵	流量：300m^3/h，扬程：20m，功率：22kW	4.00
释能泵	流量：400m^3/h，扬程：20m，功率：30kW	6.00
集控系统柜	PLC 控制柜，含西门子模块，触摸屏，系统成套等（点位见详细清单）	18.00
电动阀	电动开关阀、电动调节阀、冬夏季切换阀等	10.80

续表

改造系统名称	具体内容	投资（万元）
传感器	温度传感器、温度变送器、压力传感器、压力变送器、压差旁通阀等	3.50
气候补偿器	根据室外温度调节负荷	0.90
主机主电缆	从配电房到主机上端头	8.00
控制及通讯线缆	控制电缆、通讯线缆等	2.00
水泵及管路改造	管道、阀门、保温等开孔及安装等	45.00
设计及系统集成软件费用	空调系统设计及集控 PLC 控制软件，针对本项目特征开发	15.00
小计		1048.44
2. 每年持续投资部分		
项目	描述	投资（万元/年）
设备维保费用	2 年内免费，后续由义务世贸大厦商业广场物管负责	20.00
小计		40.00
3. 项目总投资		
总投资合计＝一次性投资＋每年持续投资×合同期限＝1108.44 万元		
投资回报期：4.5 年，内部收益率为 18%。		

6. 风险分析及对策

（1）技术风险。本项目均属于较为成熟的技术，相应的设备运行可靠，满足现场使用的经济性、安全性需求。

（2）财务风险。本项目甲方资金充足，经营状况、财务能力、资金支付能力均为优良。

（3）其他风险。本项目工期紧，同时项目主要针对商业广场设备的增加及动力柜等改造，且商业广场人流量较大，不能停止运营，项目部分施工需错开商场运营时间在非供冷季节完成改造。

（三）案例总结

1. 项目特色和亮点

（1）客户零投入。本项目采用中央空调系统能源费用全托管模式，该世贸大厦商业广场部分空调系统能源费用无增加的风险；冷热源系统改造投资及 2 年内维保由某综合能源公司投资，业主方零投入。

（2）保障用能安全、能源使用优化。依托该综合能源公司本地化服务团队的专业优势，通过专业、技术和服务优势保证某市世贸大厦商业广场部分的用电安全；建设空调群控系统，提升智能化管理水平。

（3）有效助力了国家“双碳”战略目标落地。通过项目的实施，该世贸大厦不仅推进了能源的清洁化、低碳化，而且实现了能源消费的高效化、减量化。

2. 项目的成效

本合同托管期限 10 年，能源基准为 780 万元，项目效益为 248 万元左右。在保持优质服务水平的基础上使某市世贸中心商业裙房用能实现了华丽转身，助力了国家“双碳”战略目标落地。本项目实施群控制后，预期可进一步节约能耗 8%左右。

案例二：国购广场楼宇用能优化服务项目

（一）案例概况

1. 案例背景概况

某国购广场位于安徽省某市，是该省第一家真正意义上的“一站式购物”商业广场，兼具该市地理中心、发展中心、车流中心、客流中心、消费中心五大优势，是该市地标性商业场所。该项目商业面积约 8 万 m^2，受电容量 1 万 kVA。本案例的综合能源服务方案，首先通过对商场整体冷、热、电等多种用能需求进行梳理分析，发现商场现有冷热源供能设备已老旧，达到报废状态，且经济性低、能耗高。针对此种情况，通过对现有的天然气机组和配电系统进行整体升级改造，实现“全电气化”制冷制热的工程技术方案，方案在满足供能需求的同时，提升能源利用效率。

通过对项目投资估算和效益分析，项目总投资为 677 万元，采用 EMC 合同能源管理模式实施，项目投资回收期约 4.9 年。最后，对项目涉及的技术及财务风险进行评估。

2. 案例业主简介

该国购广场由国购集团投资建设，紧邻长江西路，以沿长江西路超过 130m^2 的占地面积成为该市中心轴线上的地标建筑。总建筑面积约 8 万 m^2，共为四层。

3. 项目实施单位

某综合能源服务有限公司。

4. 商业模式及融资渠道

本项目采用合同能源管理模式（EMC）能源费用托管型开展。项目总投资为 677 万元，由某综合能源公司投资建设。

（二）案例内容

1. 项目基础条件

（1）地理位置。该国购广场所在位置，属于市老城区核心地块，曾经为该市的经济社会发展起过重要作用；如今由于原有的基础设施条件落后，面临着能耗过高的现状。广场于 2004 年开业，至 2020 年已达 16 年之久，由于长时间的使用，能源系统已经老化，近年来的能耗始终居高不下，成为中心老城区的能耗大户。

（2）气象条件。该市地处中纬度地带，位于江淮之间，全年气温冬寒夏热，春秋温和，属于暖温带向亚热带的过渡带气候类型，为亚热带湿润季风气候。气候特点是：四季分明，气候温和、雨量适中、春温多变、秋高气爽、梅雨显著、夏雨集中、冬季寒冷。年平均气温为14℃～17℃，1月平均气温零下1℃～4℃，7月平均气温28℃～29℃。

（3）供电条件。根据项目实施前该市电价政策，电价如下（单位：元/kWh）：

尖峰时段7、8、9月份，高峰0.9550，平段0.6048，低谷0.3769；其他月份：高峰0.8994，平段0.6048，低谷0.3769。

（4）供冷、供热条件。项目的冷热源设备采用的是双良牌直燃型溴化锂吸收式冷热水机组，安装于国购广场屋顶机房内，设备安装于2004年，2台机组的制冷量均为4650kW，供热量为3722kW。

（5）供气条件。根据项目实施前该市天然气价格政策，工商业用气为3.16元/m^3；年用量120万～600万m^3，用气价格为3.06元/m^3；年用量600万m^3以上部分，用气价格2.96元/m^3。

2. 项目用能需求分析

该国购广场建筑面积为8万m^2，共有四层，商场原冷热源供能设备已老旧，达到报废状态，不足以提供相应的供热供冷能力。为实现节能减排，能源梯级利用，提高能源利用效率，通过对现有的天然气机组和配电系统进行整体升级改造，有效降低建筑能耗，为城市环境减负，给市民带来更舒适的购物体验。

（1）冷热量需求分析。该国购广场中央空调使用总面积为48913m^2，具体分布如图7－14所示。

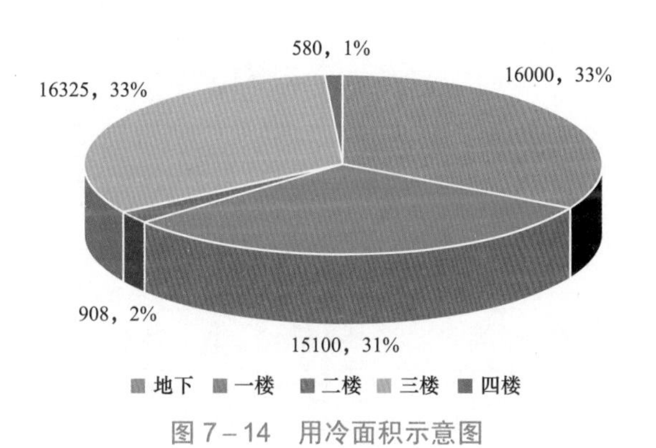

图7－14 用冷面积示意图

商场负荷情况如表7－35所示。

表7－35 商场负荷情况表

楼栋	建筑面积（m^2）	空调使用面积（m^2）	冷负荷（kW）	采暖热负荷（kW）
国购广场	80000	48913	7700	3836

中央空调制冷主机采用的是双良牌直燃型溴化锂吸收式冷热水机组，安装于国购广场屋顶机房内，设备安装于2004年，2台机组的制冷量均为4650kW，供热量为3722kW。由于溴化锂空调机组已投入使用16年，机组老化已无法正常调节输出制冷量、制热量，导致制冷、制热效率低下，经济性能低，能耗高，达到了报废状态。

该国购广场制冷机房内分设冷冻水泵、冷却水泵各3台，功率均为160kW，2用1备。水泵的开启关闭基本上与溴化锂机组一致。由于直燃机制冷效率低，排热负荷高，配套的冷却水泵功率也较大。另外，管道老旧生锈，阀门关不死，以及系统部分的损坏导致跑冒滴漏，从而带来冷热量的损失，运行费用较高。

空调作为主要耗能设施，原空调主机一直采用天然气进行供能，且主机运行时间长，系统设备已经老化。为了降能耗、减成本、提效率，对空调主机的改造升级是重中之重。

（2）供配电系统。中央空调配电房位于空调机房西侧的值班室内，由地下总配电房引10kV电缆至此。原制冷主机采用直燃型溴化锂机组，用电负荷较小，如更换为离心式冷水机组，原有用电容量不足，需要对配电房进行增容改造。

（3）监测与控制系统。本项目的直燃型溴化锂机组自带控制系统，实时监测运行参数。中央空调无整体的自控系统，无联动功能，设备启停均由管理者手动控制。机组用能由燃气公司直接计量，国购商场值班人员按时抄表。水泵系统安装了电表，其能耗数据均有记录。需对本项目的监测与控制系统进行整体升级改造，以实现群控。

3. 项目技术路线

由于国购广场中央空调系统运行时间较长，设备老旧，能效较差，计划整体更换。主要方案如表7-36所示。

表7-36　　项目设备更换对照表

原设备	更换设备
溴化锂机组（双4650kW×1）	离心式冷水机组（3868kW×2，10kV供电，一级能效）
冷却水泵（160kW×3）	冷却水泵（75kW×3）
冷冻水泵（160kW×3）	冷冻水泵（90kW×3）增加变频控制
阀门	全部换新，部分改为电动阀门
管路	根据机组配套改造

部分改造后设备如图7-15所示。

4. 实施性分析

（1）基础。本项目原有1台溴化锂机组运行重量为59.8t。改造后机组每台运行重量为14.4t，2台运行重量为28.8t，小于原来设备的运行重量。由于机组尺寸改变，原有基础需要重新浇筑。

图 7－15 部分改造后设备

（2）设备尺寸。本项目原有设备宽度约 4.9m，两台机组间距 3.5m。改造后机组每台宽度约 2.5m。两台机组间距及与保留的溴化锂机组间距大于 0.8m 的要求。原有设备长度 7.2m，改造后机组长度 5.2m，小于原来的设备长度。

（3）设备安装。本项目原有设备安装于国购商场屋顶机房内，原有设备拆除及新设备就位，需要拆除机房部分的墙壁。

（4）供电改造。本项目改造后的设备采用 10kV 供电，需将原有值班室改为配电间，放置高压配电柜。

（5）供热改造。在原有机组拆除后，增加 2 台 2.1MW 真空热水机组以及改造部分配套设施。

（6）冷热源进一步优化—群控系统。本项目对中央空调系统冷热源实施进一步用能优化服务，建设群控系统。通过专业化的服务，优化空调系统运行策略，依据末端负荷需求，动态调整，提供优化的运行工况和控制策略，从而总体降低整体能耗，提升国购广场的购物环境。冷热源系统示意如图 7－16 所示。

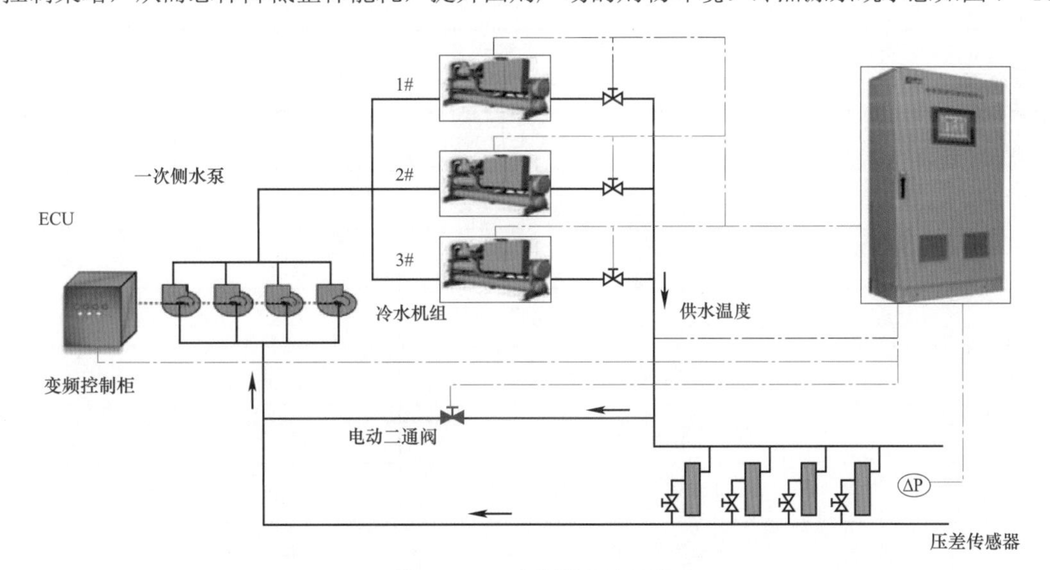

图 7－16 冷热源系统示意

5. 投资与效益估算分析（见表 7－37、表 7－38）

表 7－37　项目投资估算

<table>
<tr><td colspan="3">合同期内项目投资估算</td></tr>
<tr><td colspan="3">1. 项目一次性投资</td></tr>
<tr><td>改造系统名称</td><td colspan="2">投资（万元）</td></tr>
<tr><td>离心式冷水机组</td><td colspan="2">290</td></tr>
<tr><td>燃气锅炉（真空热水机组）</td><td colspan="2">108</td></tr>
<tr><td>供电线路及配电柜</td><td colspan="2">90</td></tr>
<tr><td>水泵及管路改造</td><td colspan="2">150</td></tr>
<tr><td>设计费</td><td colspan="2">15</td></tr>
<tr><td>小计</td><td colspan="2">653</td></tr>
<tr><td colspan="3">2. 每年持续投资部分</td></tr>
<tr><td>项目</td><td>描述</td><td>投资（万元/年）</td></tr>
<tr><td>人工费用</td><td>原有人员，国购负责</td><td>0</td></tr>
<tr><td>设备维保费用</td><td>3 年内免费，后续由国购负责</td><td>8</td></tr>
<tr><td>小计</td><td></td><td>24</td></tr>
<tr><td colspan="3">3. 项目总投资</td></tr>
<tr><td colspan="3">总投资合计＝一次性投资＋每年持续投资×合同期限＝677 万元</td></tr>
</table>

表 7－38　项目财务评价数据

序号	项目名称	单位	指标
1	项目总投资	万元	677
2	能源托管费	万元	297.6
3	电费支出	万元	109.3
4	燃气费支出	万元	50.5
5	静态投资回收期	%	4.9
6	建设期利息	万元	11.6
7	资本金净利润率	年	75.4

6. 风险分析及对策（见表 7－39）

表 7－39　　风险分析及对策

技术风险	本项目均属于较为成熟的技术，相应的设备运行可靠，满足现场使用的经济性、安全性需求
财务风险	本项目甲方资金充足，经营状况、财务能力、资金支付能力均为优良
其他风险	本项目工期紧，同时项目主要针对商场设备的增加及改造，且商场人流量较大，不能停止运营，项目部分施工需错开商场运营时间完成改造

（三）案例总结

1. 项目特色和亮点

（1）客户零投入。本项目采用中央空调系统能源费用全托管模式，国购广场空调系统能源费用无增加的风险；国购广场冷热源系统改造投资及 3 年内维保由某综合能源服务有限公司投资，国购广场零投入。

（2）保障用能安全、能源使用优化。依托综合能源服务公司本地化服务团队的专业优势，通过专业、技术和服务优势保证国购广场的用电安全；建设变配电监控、空调群控等系统，提升国购广场管理水平。通过完善能源管理系统平台，优化能源结构，对能源进行精细化管理，发现能源消耗的异常，通过策略分析，找出解决方法，对于实施的节能技改可效果跟踪、效果对比、效果验证，并通过不断优化策略，找出最优用能模式，避免出现无目标、无法验证的节能技改。

（3）有效助力了国家“双碳”战略目标落地。通过项目的实施，国购广场不仅推进了能源的清洁化、低碳化，而且实现了能源消费的高效化、减量化，有效打造了安徽省商业地产领域“绿色”“节能”“安全”“高效”的标杆项目。

2. 市场开拓策略

在本项目楼宇用能优化改造业务的推进过程中，综合能源服务公司与国购集团在示范项目落地、需求侧响应试点、电力交易等多个维度全面合作并探索实施可行性。

（1）通过国购广场的示范合作，明确合作思路和商业模式框架，为后续省内商业广场批量化合作改造奠定基础；

（2）探索由某综合能源服务公司承接国购广场电力设施运维检修业务的可行性，进而延伸至统一对项目的电、水、气、冷设施进行运维和托管；

（3）合作申请安徽省内电力需求侧响应试点，打造示范项目并获取响应补贴，力争加入省内首批市场化电力交易试点，降低电费成本。

3. 项目成效

本合同期限为 90 个月，其中建设期为 6 个月，项目运营期为 84 个月；能源基准为 297.6 万元，项目效益为 287.6 万元左右。在保持优质服务水平的基础上将“耗能大户”变为“节能大户”，有效树立了某网综合能源公司的良好品牌形象，增强市场竞争优势，助力了国家“双碳”战略目标落地。本项目实施群控制后，预期可进一步节约能耗 10%左右。

第四节　党政机关单位领域典型项目案例

案例一：政务大厦合同能源管理示范项目

（一）案例概况

1. 案例背景概况

某省政务大厦作为该省政府服务中心的重要办公场地，面临着设备配置老旧、能耗水平高、运维能力不足等问题。综合能源服务公司与政府部门从实现“双碳”目标的角度出发，以节能减排，控制成本为目的，以合同能源管理机制为手段，对政务大厦的用能设备和能源供给系统进行全方位的改造升级，开展用能监测、能耗分析、能源托管等服务，帮助客户完成用能结构优化、发展潜力挖掘，以及经济效益提升。

2. 案例业主简介

某省政务服务中心，成立于2001年12月，是省委、省政府为推进政务公开、转变政府职能、规范审批行为、方便群众办事而设立的，省政务大厦已于2009年投入使用。

进驻政务中心的有省政府32个部门483个行政许可项目和一些便民服务项目。中心以“廉洁、务实、规范、高效”为宗旨，把群众“高兴不高兴，满意不满意”作为工作的出发点和最高标准，按照“集中办公、公开办事”的运行方式，努力实现“进一个门办好，交规定费办成，在承诺日办结”。

3. 项目实施单位

某省综合能源服务公司。

4. 商业模式及融资渠道

按照《国务院办公厅转发发展改革委等部门关于加快推进合同能源管理促进节能服务产业发展意见的通知》文件要求，以国家发展改革委主推的合同能源管理作为项目运作模式，利于客户认同，为政务大厦提供包括能源审计、设备采购、工程施工及节能量保证等一整套的节能服务，并从客户进行节能改造后获得的节能效益中收回投资和取得利润的一种商业运作模式。

该省政务大厦能源托管项目采用合同能源管理（EMC）模式，由该省综合能源服务有限公司投资建设并运维，为用户提供用能监测、用能优化和能效诊断等全过程服务。省机关事务管理局以支付能源费的形式将能源托管给某省综合能源服务有限公司统一管理。项目总投资 280 万元，托管期6年。

（二）案例内容

1. 项目基础条件

某省政务大厦总面积67000m^2，由A、B、C三栋建筑组成，2009年投入使用，省直17家单位，约1200名干部职工在此办公。大厦主要用能以电力为主，共有两座高压配电房，主要用能设备包括3套冷源设备、2套空调系统、21台电梯、两套水泵系统、36台饮水设备、信息机房、办公及照明系统等。每年耗电约378万kWh，天然气约5.3万m^3，市政蒸汽约0.32万m^3，自来水约3.5万m^3。年平均能耗支出约400万元。

大厦改造前，一是面临着设备配置老旧、能耗水平高的问题，部分现有设备能耗已不满足最新的建筑节能要求，且设备寿命将尽。二是决策数据匮乏，大厦缺少设备运行数据的系统性监测和分析手段，缺乏智能化管控平台和终端，对设备的优化控制较难实现，管理方式较为粗放。三是运维水平偏低，大厦运维人员经验不足易导致用能设备运行异常，问题频发，对故障响应和处置不及时。

2. 项目用能需求分析

通过对省政务大厦近三年的各项能源数据分析发现，该用能单位的每年能源消耗趋势应处于持续上升阶段，但电力和供暖蒸汽处于下降期，经调研发现，2018年对中央空调系统和柜式空调系统进行节能技改后，能耗有所下降，而天然气和自来水的能源消耗处于小比例上升阶段，故基准能耗可参考近三年平均值，具体如图7－17所示。

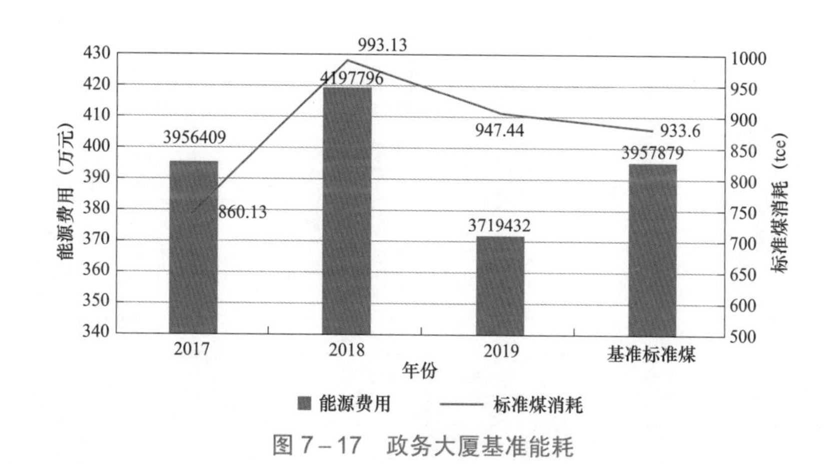

图7－17　政务大厦基准能耗

通过对能源数据及能源账单的综合分析，发现省政务大厦的用电能耗大项是照明插座（20.05%）、中央空调（19.52%）、数据机房空调（17.76%）等；照明插座年用电量约76万kWh，该项能耗较高，现场房间未进行分户计量，只完成了楼层总计量，通过楼层计量数据分析，发现办公区域存在高功耗设备运行和非工作时间用电的情况；中央空调机房年用电量约74万kWh，风机盘管用电量约13万kWh，柜式空调年用电量约 33 万 kWh，运行时间为 7:30—17:30；数据机房空调年用电量约 30 万 kWh，经现场调研，数据机房空调全年 24 小时定温运行，导致空调能耗较高；自来水管网无跑冒滴漏等情况，食堂天然气年用气量约 52305m^3，每年处于上浮阶段。

3. 项目技术路线

技术方案如表 7－40 所示。

表 7－40　　技术方案

序号	项目名称	方案内容
1	螺杆机组升级 700RT 高效变频离心机组	通过对更换高效变频制冷主机、采用新的运行模式进行运行能耗模拟计算，与原有制冷系统相比，在获得相同制冷量（以 2018 年为例）的情况下，年可节约用电量 5.04 万 kWh，占空调系统耗电量的 7.8%
2	空调循环泵	对离心机冷冻水泵、冷却水泵进行变频改造，年节约用电量约 3.67 万 kWh
3	蓄能系统	结合尽可能利用原有设备、改造投资、用地等多方面综合考虑，拟采用水蓄冷系统。利用现有制冷主机夏季夜间谷电期间蓄冷，日间工作时间释冷；冬季增设电锅炉，冬季夜间谷电期间蓄热，日间工作时间释热
4	照明系统	用 3W 的 LED 筒灯替换原有的 5W 球泡灯，地下车库还有一小部分原有的 36W 荧光灯，现统一换成 14W LEDT8 灯管，办公室格栅灯现由三根 36W 荧光灯组成，现换成 33W 面板灯
5	能源管理云系统	搭建能源管理云系统，实现能耗动态监测。通过能耗统计、能源审计、能效公示、用能定额和超定额加价等制度相结合，建立节能监管体系，促进公共建筑管理节能。针对中央空调系统及数据机房空调，构建物理设备、空间环境、用能系统的模型，基于状态感知、边缘计算和云边协同控制等手段，采取动态寻优的控制策略，实现就地实时控制和云边协同控制，降低大厦空调能耗水平

系统框架图如图 7－18 所示。

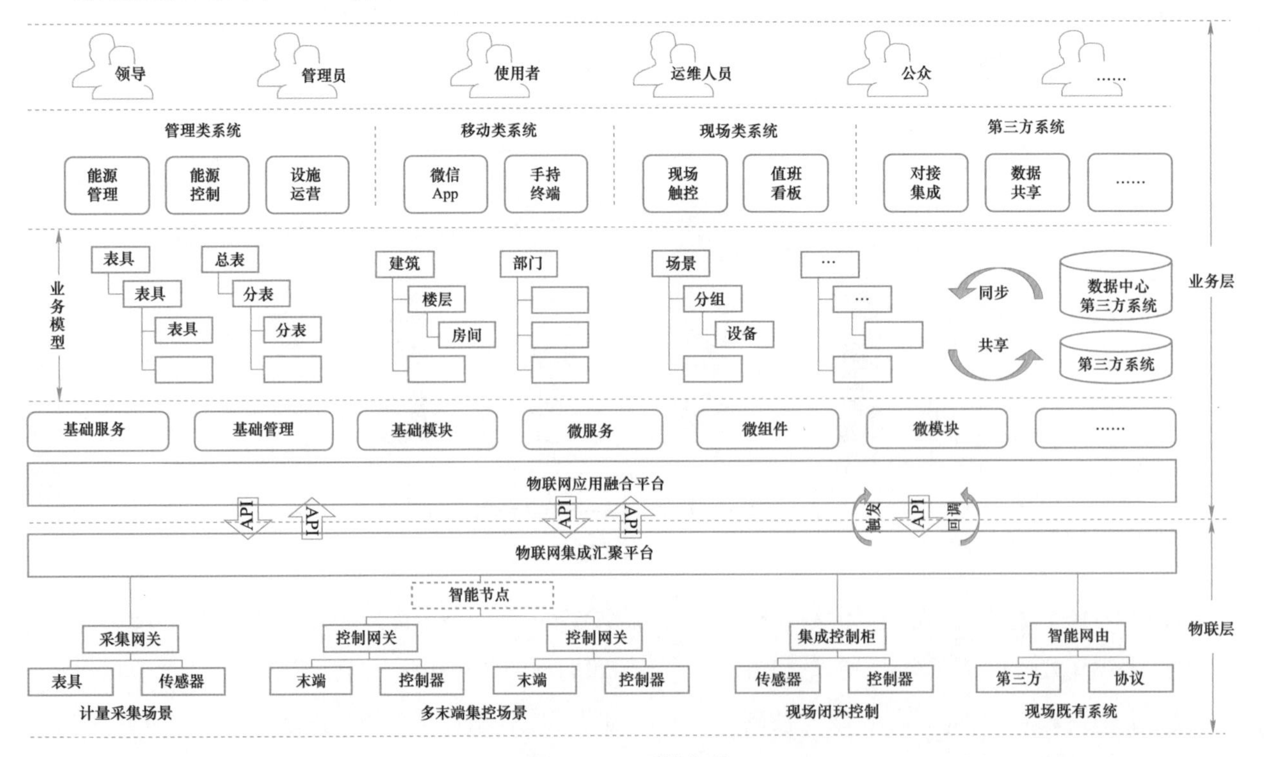

图 7－18　系统架构

4. 投资与效益估算分析

本项目总投资200万元，托管周期为6年，预计年平均能耗支出将在原来400万基础上下降10%～15%，年平均节省能耗支出40万元左右。托管期内或可实现成本回收，且托管期结束后，政务大厦将可继续享受本次托管带来的收益。

5. 风险分析及对策

风险分析：一是空调及照明设备不满足节能与控制需求；二是能源供给与管理系统功能与策略不完善；三是能耗控制成果待定，投资回报率存在不确定因素。

对策：一是更换空调和照明设备及组件；二是对能源供给与管理系统进行升级改造；三是增加能源监测手段、强化能耗控制能力、优化能源结构体系，实现用能实时监控、及时调整、全面管理，有效降低能源消耗总量，节约能耗成本。

（三）案例总结

1. 项目特色和亮点

某省政务大厦项目具有典型示范作用，开创了该省公共机构合同能源管理的先河。该省电力公司以电力专业代运维为基点，向冷、热、电、气、水等综合能源业务拓展，以能源托管为主要商业模式，为公共建筑提供电力代运维、供冷、供暖等服务，建立用能监测和安全运行保证体系，搭建“一站式”服务平台，并通过平台可视化手段，对公共建筑提供以设备改造为基础，以智慧化管控平台为手段，以专业运维队伍为保障的用能实时监控、全面管理，基于数据分析有效调整并开展节能工作。历时4个半月紧张奋战，全省首家党政机关实施能源托管合同能源管理项目在省政务大厦竣工投运，该项目成功实施在全省具有里程碑意义，为该省“十四五”节能增效开了好头，为省内公共机构能效提升提供了实践范本，打造了第一个可复制、可推广的公共机构样板，为政企共建、互济共赢树立典范。

2. 市场开拓策略

（1）对接政府管理部门，推介能源服务业务。近年来，该省深入学习贯彻习近平生态文明思想，大力践行“绿色发展、机关先行”理念。省机关事务管理局印发文件，明确指出开展节约型机关创建行动。省电力公司充分发挥政企协同的强大优势，积极与省机关事务管理局对接，邀请大厦相关人员赴已建设完成的某市医院参观学习合同能源管理经验，紧密配合政府节能型机关建设。

（2）开展能效测评工作。第三方能效测评单位对政务大厦近三年用能情况进行了分析，确定大厦改造前能源基数。

（3）开展方案论证。制订大厦合同能源管理方案，促请省管局召开方案论证会，确定大厦能源托管期为6年，在年均能耗400万基础上下降5%，年能耗支出380万元。

（4）签订合作协议，构建合作体系。通过与政府主管部门的有效衔接，建立政企协同、互济联动机制，于2020年6月30日促成省电力公司与省机关事务管理局签署《战略合作协议》，推动该省政务大厦管理中心与该省综合能源服务有限公司签署合作共建协议。

3. 项目的成效

经济效益：年能源费用由实施前的400万元降低到不高于320万元，大楼能耗降低20%，本项目财务收益率能达到10%以上，政务大厦每年减少支出能耗费约5%，托管期结束后，政务大厦可继续享受本次托管改造带来的收益。

社会效益：积极响应生态文明建设，实现在公共领域的落地实践，在全省率先开展示范建设起到带头典范作用，彰显国网公司品牌和社会责任，体现政企协同作用。逐步建立起规范有序的节能服务市场和完善的节能服务体系，使合同能源管理成为公共机构实施节能改造的主要形式，利于在全省公共机构推广应用。

4. 项目的推广应用

为推广示范效应，该省电力公司联合省机关事务管理局召开全省公共机构合同能源管理现场会，总结推广省政务大厦合同能源管理项目经验。省直46家公共机构、地市23家公共机构管理部门、国网综能集团、省综合能源公司、地市供电公司综合能源负责人参加会议。会上，综合能源公司现场与四地公共机构单位签订了综合能源合作意向书。

下一步，该综合能源服务公司将深度提炼总结经验，发挥联动效应，构建合作体系，力争到2021年底，能源托管项目覆盖到各地市公共机构办公区。到十四五末，力争实现省直公共机构能效服务打包托管，市级公共机构集中办公区能源托管100%，县级公共机关集中办公区能源托管50%以上。

案例二：广播电视台合同能源管理示范项目

（一）案例概况

1. 案例背景概况

某省机关事务管理局与该省电力有限公司签订了战略合作协议，加快推进合同能源管理在全省公共机构的全面推广应用，先后下发《关于推进公共机构合同能源管理的意见》及《关于在党政机关办公区开展合同能源管理集中示范工作的通知》，要求各地市全力推广公共机构合同能源管理。在公共机构开展合同能源管理是减少公共机构行政运营成本，发展节能服务产业，提高终端能源利用效率的客观需要，更是促进能源消费节约和实现“双碳”目标的重要举措。

某市广播电视台与某发射塔具有能源消耗大、安全和稳定要求高等特点，节能降耗的同时应确保用能安全性、供电可靠性及运维抢修及时性。对能源、配电设备运行维保进行能源托管型合同能源管理将有利于提高供电安全可靠性和节能目标实现。

2. 案例业主简介

某市广播电视台是该市主流媒体，于 2010 年 6 月挂牌成立，建筑面积 12000m²，地下 1 层，地上 13 层，其中裙楼 3 层。某发射塔位于某市某街道，以设备用电为主，仅有简单办公用房。

3. 项目实施单位

某综合能源服务有限公司。

4. 商业模式及融资渠道

考虑到客户是政府事业单位和地方主流媒体，按照《国务院办公厅转发发展改革委等部门关于加快推进合同能源管理促进节能服务产业发展意见的通知》文件要求，以国家发展改革委主推的合同能源管理作为项目运作模式，利于客户认同，为电视台提供能源费用包干、配电设备运行维保、节能设备采购、节能技改施工等能源托管型合同能源管理服务，并从客户进行节能改造后获得的节能效益中收回投资和取得利润的一种商业运作模式。

该市广播电视台（见图 7－19）合同能源管理示范项目采用能源托管型合同能源管理模式，由综合能源分公司投资建设并运维，为用户提供用能监测、用能优化和能效诊断等全过程服务。广播电视台以支付能源费的形式将能源托管给该市综合能源分公司统一管理。项目总投资 32 万元，托管期 10 年。

图 7－19　某市广播电视台外景

（二）案例内容

1. 项目基础条件

项目主要用能为电能，有一座变配电房，主要用能设备包括2台风冷螺杆制冷机组、分体空调和多联机空调约100台、各种类型广电工作设备、信息机房、办公及照明系统等。项目实施前，电视台配电试验和运维由社会企业承接，年费用14万元。

项目用能问题较多，一是设备老旧损坏严重，能耗逐渐上涨，空调水泵变频柜损毁无法使用、照明灯具多为荧光灯且很多损坏。二是用能管理方式粗犷，管理人员缺乏无法进行有效的能耗管控。三是运维水平偏低，缺乏有经验的设备运维人员，故障发生没有预警，问题频发，对故障响应和处置不及时等。

2. 项目用能需求分析

通过对广播电视台和发射塔近三年的电能消耗数据分析，年能源消耗逐渐上涨，特别是空调和照明系统能耗因设备老旧能耗处于上升趋势，故基准能耗费可参考2017、2018、2019年三年能耗平均值132.35万元，具体如表7－41所示。

表7－41　能耗数据

建筑	2017年		2018年		2019年	
	电量（kWh）	电费（元）	电量（kWh）	电费（元）	电量（kWh）	电费（元）
广播电视台	1386920	1137167.5	1560480	1186688.97	1546560	1063561.03
发射塔	294558	235328.77	245099	177282.29	264815	170438.18

通过对能源数据及能源账单的综合分析，发射塔用电能耗主要为发射塔设备，能耗较为稳定。广播电视的用电能耗大项是电视台设备（19.45%）、照明插座（16.22%）、中央空调（34.52%）、数据机房（15.36%）等；照明插座用电量约21.47万kWh，该项能耗较高，现场房间照明灯具未采用高效LED节能灯具，发现办公区域存在高功耗设备运行和非工作时间用电的情况；中央空调机房年用电量约45.69万kWh，运行时间为7:30—17:30，空调系统水泵变频控制柜已损坏，无任何节能技术措施，导致空调能耗较高。

3. 项目技术路线

技术方案见表7－42。

表7－42　技术方案

序号	项目名称	方案内容
1	用能优化控制CPS系统	对办公插座、空调等终端用电实时监测与策略控制，采取动态寻优的控制策略，实现就地实时控制和云端智慧控制，降低空闲能耗

续表

序号	项目名称	方案内容
2	空调系统节能改造	对空调冷冻水泵进行变频改造，年节约用电量 2.68 万 kWh
3	照明系统	用 5W 的 LED 筒灯替换原有的 22W 球泡灯，用 9W 的 T8LED 日光灯替换原有 20WT8 荧光灯，用 15W 的 T8LED 日光灯替换原有 40WT8 荧光灯，年节约用电量 7.68 万 kWh
4	配电智能运维	变配电系统部署监测点，实现远程监控、故障预警，提高供电保障服务效率
5	智慧能源监测能效平台	部署电能监测点，实现对能耗动态监测。建成基于能耗监测平台的节能监管体系，并通过与能耗统计、能源审计、能效公示、用能定额和超定额加价等制度相结合，促进公共建筑节能运行和节能改造

4. 投资与效益估算分析

本项目总投资 32.135 万元，托管周期为 10 年，预计年平均能耗支出将在原来 132.35 万基础上下降 5.25%，年平均能耗节省支出 6.95 万元左右，考虑增值税节省约 5.33 万元/年。托管期内或可实现成本回收，且托管期结束后，广播电视台将可继续享受本次托管带来的收益。

5. 风险分析及对策

风险点分析：一是空调及照明设备不满足节能与控制需求；二是能源供给与管理系统功能与策略不完善；三是能耗控制成果待定，投资回报率存在不确定因素。

对策：一是更换空调和照明设备及组件；二是对能源供给与管理系统进行升级改造；三是增加能源监测手段、强化能耗控制能力、优化能源结构体系，实现用能实时监控、及时调整、全面管理，有效降低能源消耗总量，节约能耗成本。

（三）项目总结

1. 项目特色和亮点

该市广播电视台项目具有典型示范作用，是省内首个广电传媒领域的合同能源管理项目。该市综合能源分公司扎实开展综合能源服务业务推广，以能源托管为主要商业模式，为公共建筑提供电力代运维、供冷、供暖等服务，建立用能监测和安全运行保证体系，搭建智慧能源服务管理平台，通过平台可视化手段，对公共建筑提供以设备改造为基础，以智慧化管控平台为手段，以专业运维队伍为保障对用能实时监控、全面管理，基于数据分析有效调整并开展节能工作。该项目的成功合作将为同领域用户提供样板。

2. 市场开拓策略

一是拓展能源服务业务。该综合能源服务有限公司积极与当地市机关事务管理局对接，紧密配合广播电视台打造节能型事业单位建设。

二是开展能耗数据分析。对电视台用能数据进行详细调研统计，近三年用能情况进行了分析，确定改造前能源基数。

三是开展方案论证。制订合同能源管理方案，促请广播电视台召开方案论证会，确定能源托管期为10年，能耗托管费用为125.4万元、配电运维费14万元。

四是签订合作协议，构建合作体系。通过与广播电视台的有效衔接，建立协同联动机制。

3. 项目成效

经济效益：该项目年能源费用由实施前的132.35万元降低到125.4万元，大楼能耗降低5.25%，本项目财务收益率能达到10%以上，广播电视台每年减少支出能耗费约5.25%，托管期结束后，用户可继续享受本次托管改造带来的收益。

社会效益：积极响应生态文明建设，实现在公共领域的落地实践，在全省率先开展广电传媒领域的示范项目建设，体现政企协同作用。逐步建立起规范有序的节能服务市场和完善的节能服务体系，使合同能源管理成为公共机构实施节能改造的主要形式，利于在全省公共机构推广应用。

4. 项目推广应用

为推广示范效应，在该市企事业单位宣传推广电视台合同能源管理项目成果，分批邀请企事业单位相关部门到电视台参观调研，市综合能源分公司也总结项目成果经验，安排各县区负责同志到电视台项目学习成果，制订计划，加强与全市、县企事业单位联系，深入各单位进行项目调研，力争各县区都有公共机构能源托管服务项目落地。

案例三：县政府集中办公区用能优化服务项目

（一）案例概况

1. 案例背景概况

某县政府集中办公区是集政府办公、会议中心、信访接待、后勤保障等诸多功能于一体的综合办公区域，日常办公人数约400人，中心配套设备有高低压配电室、水泵房、分体式电梯及分体式空调等，主要由办公大楼、会务中心、服务中心组成。日常办公时间为8:00—17:30。该集中办公区所消耗的能源类型为电力，同时消耗水资源。电力主要用作照明、通风空调和设备运转。水用于生活用水和绿化用水等。

2. 案例业主简介

该县政府集中办公区属于该县的行政部门，2006年建成并投入使用，由于原有的基础设施条件落后，面临着能耗过高的现状。该集中办公区包括县委办公楼1座，6层，办公楼面积9830m^2；会务中心1座，3层，面积4017m^2；服务中心大楼2座，均为3层，其中服务中心1面积2098m^2，服务中心2面积2050m^2。项目对接单位为该县机关事务管理服务中心。

3. 项目实施单位

某市综合能源分公司。

4. 商业模式及融资渠道

本项目采用合同能源管理模式（EMC）能源费用托管型开展。项目总投资为58.1万元，6年运维费用24.9万元（每年节能费用中扣除），由该市综合能源分公司投资建设。

（二）案例内容

1. 项目基础条件

气象条件：该地位于某省西北部，淮河上中游结合部北岸，地处北亚热带北侧、暖温带南缘，具有暖温带向北亚热带交接的过渡带气候特征，属暖温带半湿润季风气候。主要特点是四季分明，季风明显，雨量适中，光照充足。既兼有南北气候之长，即降水优于北方，光照优于南方；又兼有南北气候之短，即降水集中且变异性大，旱涝灾害频繁。县境年平均气温15℃。

供电条件：根据该县现行电价政策，电价如下（单位：元/kWh）：尖峰时段7、8、9月份，高峰0.979，平段0.605，低谷0.363。其他月份：高峰0.916，平段0.605，低谷0.363。

供冷、供热条件：项目的冷热源设备主要是通过分体式空调，该县政府集中办公区分体空调共293台，用于夏季制冷与冬季制热。

2. 项目用能需求分析

县政府集中办公区原供能系统设施陈旧、性能老化、效率衰竭，能耗较大。为实现节能减排，能源梯级利用，提高能源利用效率，通过建设一套楼宇建筑综合能源管理系统并对现有的照明节能改造、新增分体式空调智能控制系统、电梯节能改造及电梯机房空调节能改造、新增电开水炉智能控制系统的工程技术方案。

（1）电力能源消耗分析。县政府集中办公区配套设备有高低压配电室、水泵房、电梯分体式及分体式空调等。集中办公区所消耗的能源类型为电力，同时消耗水资源。电力用作照明、通风空调、设备耗电。水用于生活用水和绿化用水等。能耗占比具体分布如图7－20所示。

（2）建筑设备节能分析。

1）照明。公共区域和办公区照明在近年已基本完成LED改造，室内日光灯采用的T8－120LED灯管，走廊照明采用LED平板灯，服务大厅照明采用LED筒灯和T8－60LED灯管。办公区域照明更换存在损坏后更换LED灯管的情况，未更换的灯管使用年限较久，出现光衰现象，更换的灯具型号规格各有不同，后期可以考虑部分适宜补缺，部分整改。办公大楼地下车库已采用感应式照明控制。照明灯具具体数量如表7－43所示。

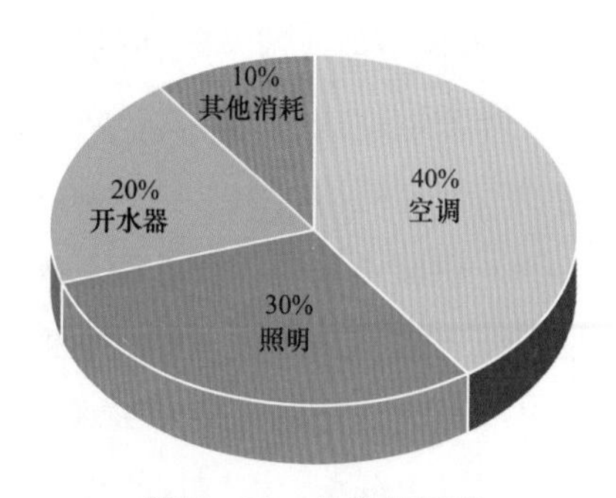

图7－20 日常能耗图

表 7-43　　灯具设备清单

序号	设备名称	数量	原功率（W）	改造后功率（W）
1	T8-120LED 灯具	570	16	12
2	T8-120 日光灯	200	38	12
3	LED 平板灯	286	21	10
4	螺旋灯	50	14	5
5	合计	1106		

结论：将大楼内照明灯具进行改造，更换成新型 LED 节能灯具。

2）空调。大院内分体空调共 293 台（见表 7-44），用于夏季制冷与冬季制热，未进行远程集中策略化管控，非工作时间存在无人空调现象，温度设置无监管，空调运行时存在门窗未关现象，房间内空气流通量较大，对于舒适要求远远大于正常制冷热量的需求导致能耗浪费。会议中心采用中央空调，因其是会议功能，暂不纳入此次改造范围。

表 7-44　　分体式空调智能控制设备清单

序号	空调名称	匹数	数量（台）	位置
1	壁挂式空调	1.5 匹	193	办公楼
2			18	服务中心
3	落地式空调	3 匹	15	办公楼
4			67	服务中心
合计：293 台				

结论：对装有分体空调的房间进行智能化控制改造，并接入空调末端控制系统。

3）生活用热水。各楼层设置了一至两台电热开水器，共计 20 台，功率为 3～9kW。其中服务中心的 7 台开水器由物业人员进行设备启停，其余 13 台开水器工作状态为 24 小时开启。

结论：对大院内 13 台开水器安装时控模块，减少非工作时间段的能耗浪费。

4）电梯节能改造及电梯机房空调节能改造节能分析。首先，对办公大楼 2 台电梯加装能量回馈装置，降低运行能耗；其次，对办公大楼 2 个电梯机房内空调配置智能插座；实现智能化控制，在冬季的非工作时间动切断空调电源，降低空调的待机能耗。

（3）供配电系统：在各楼层配电间内，照明和动力线路均未安装远程计量表具，且无人抄表。现场没有统一的科学监管平台，对重点能耗设备未进行能耗计量，对管理节能方面没有准确的数据支撑，无法对能耗浪费想象直接点对点研究管理。

基于以上分析，本项目的优化服务方案为：通过建设楼宇建筑综合能源管理系统，构建物联网平台，建立综合能耗计量分析系统，并对主要机电设备进行智能管控，实现绿色智慧运营；同时对重点用能区域及设施设备增加远程计量电表，掌握建筑电力数据，接入系统进行实时监控及统计分析，对装有分体空调的房间进行智能化控制改造，并接入空调末端控制系统，将大楼内照明灯具进行改造，更换成新型 LED 节能灯具，对大院内的开水器安装时控模块，减少非工作时间段的能耗浪费。如表 7-45 所示。

表 7-45　　汇　总　表

序号	建设内容	功能	细化说明	备注
1	建设楼宇建筑综合能源管理系统	数据监测	构建物联网平台，建立综合能耗计量分析系统，并对主要机电设备进行智能管控，实现绿色智慧运营	
2		数据报表		
3		用能分析		
4		能效诊断		
5		节能管理		
6		远程控制		
7		告警		
8		其他系统功能		
9	技术节能改造	照明节能改造	利用 LED 高效灯具更换原有节能灯具，降低功率减少能耗	
10		分体式空调智能控制	在分体空调的供电回路上安装智能插座，实现温控、时控和集中管理，并在非空调季节降低待机能耗	
11		电梯节能改造及电梯机房空调节能改造	（1）对办公大楼 2 台电梯加装能量回馈装置，降低运行能耗；（2）对办公大楼 2 个电梯机房内空调配置智能插座；实现智能化控制，在冬季的非工作时间动切断空调电源，降低空调的待机能耗	
12				
13		电开水炉智能控制	对政府办公大楼、会议中心及政务中心 3～9kW 的电开水炉安装智能控制模块，实现远程及定时开关控制，降低夜间和非工作日期间电开水炉用电量	

3. 项目技术路线

县政府集中办公区由于设备投入使用年限久远，缺乏有效的能源监管及节能手段等，增加技术措施手段，新增设备及系统清单如表 7-46 所示。

表 7-46　　新增设备及系统清单

序号	项目名称	设备名称	单位	数量	规格
1	分体式空调节能改造	无线智能插座	只	300	LCDG-DG2-71760TH
2	电开水炉节能改造	3P 断路器	只	18	32A，S3-TC32
		断路器电源模块	只	18	S3-P25D
		断路器通信模块	只	18	S3-RS485
3	电梯机房节能改造	电梯能量回馈装置	套	2	WIPC 系列
		无线智能插座	套	2	LCDG-DG2-71760TH

续表

序号	项目名称	设备名称	单位	数量	规格
4	公共及办公区域照明灯具节能改造	LED 节能灯	套	1106	
5	楼宇建筑综合能源管理系统	工作站/服务器	套	1	T3630/I7－97003.0GHz/8 核/8 线程 8G/128G 固态＋1T/P620 2G 显存
		能源楼宇管家	套	1	能源楼宇管家
		智能控制终端	台	3	WELLS－DRM

4．实施性分析

基础：现场无带设备基础类设备更换或移动、增减。

设备尺寸：通用电气产品，设备尺寸无符合性要求。

设备安装：主要在原分支箱或其他电气柜体内增加导轨及设备安装、接线等。

供电改造：无需进行改造。

建设楼宇建筑综合能源管理系统：将各种能源信息（水、电、气等）、配电房及水泵房等运维数据（含视频、温度、门禁等）通过智能数据网关设备，经由现场工业总线等与互联网络结合形成一个物联网网络，实现对任意建筑中的系统和设备能源使用情况进行监测、报告，并采取相应措施。

网络架构和功能架构如图 7－21、图 7－22 所示。

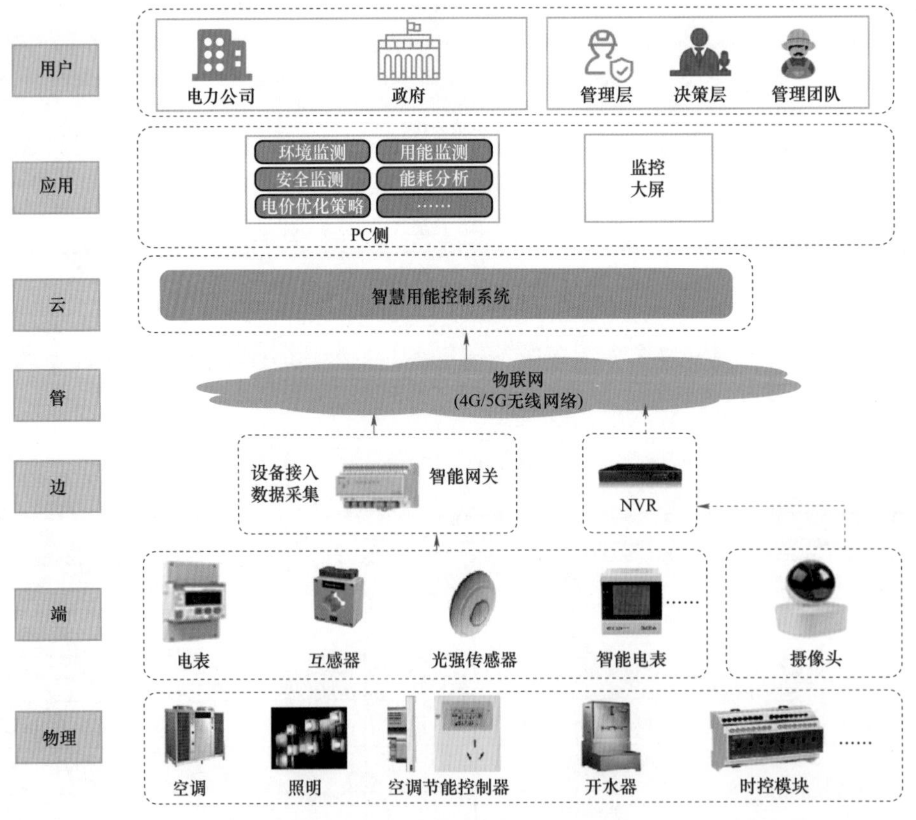

图 7－21　网络架构

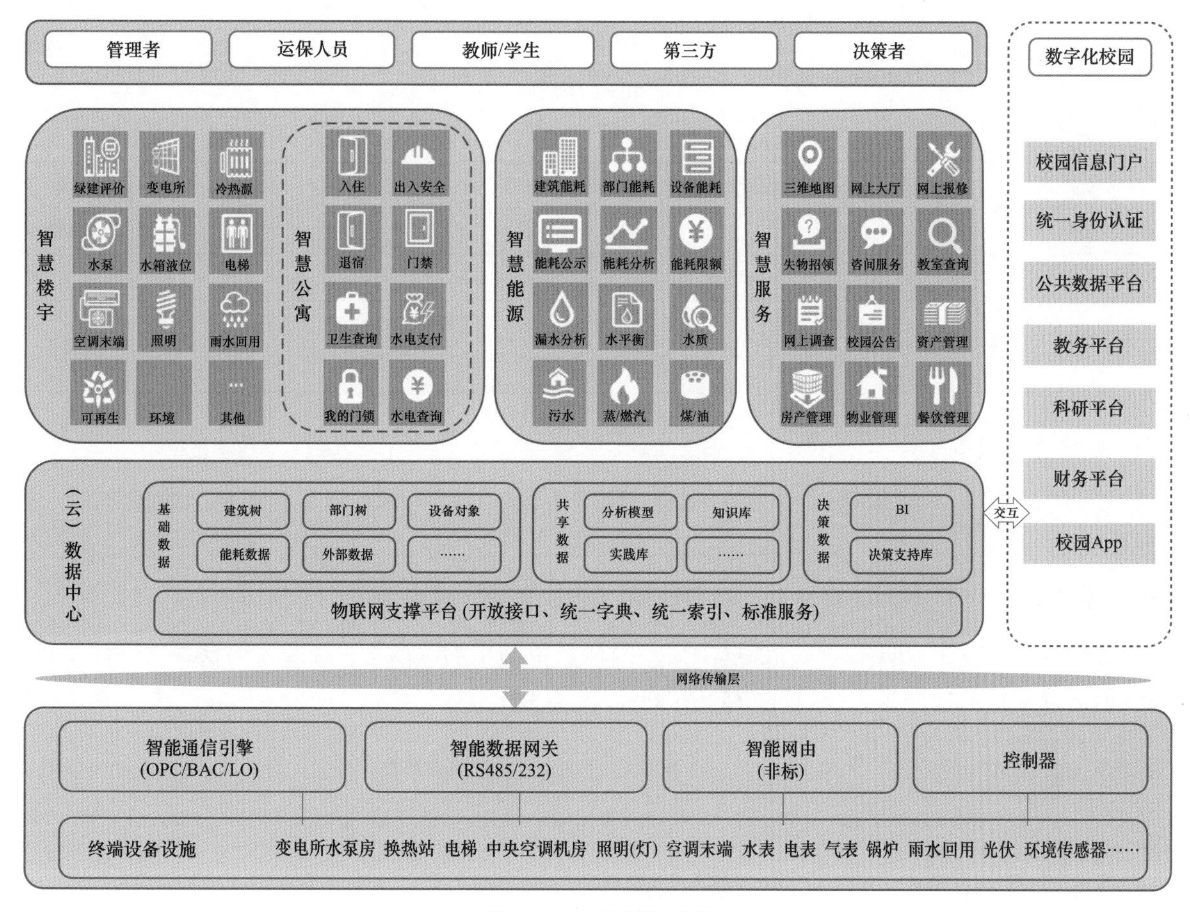

图 7－22 功能架构图

5. 投资与效益估算分析（见表 7－47）

表 7－47 投资与效益估算

合同期内项目投资估算		
1. 项目一次性投资		
改造系统名称	具体内容	投资（元）
照明节能改造	利用 LED 高效灯具更换原有节能灯具，降低功率减少能耗	66360.00
分体式空调智能控制	在分体空调的供电回路上安装智能插座，实现温控、时控和集中管理，并在非空调季节降低待机能耗	240000.00
电梯节能改造及电梯机房空调节能改造	（1）对办公大楼 2 台电梯加装能量回馈装置，降低运行能耗； （2）对办公大楼 2 个电梯机房内空调配置智能插座；实现智能化控制，在冬季的非工作时间自动切断空调电源，降低空调的待机能耗	45600.00
电开水炉智能控制	对政府办公大楼、会议中心及政务中心 3～9kW 的电开水炉安装智能控制模块，实现远程及定时开关控制，降低夜间和非工作日期间电开水炉用电量	45540.00
建设楼宇建筑综合能源管理系统	构建物联网平台，建立综合能耗计量分析系统，并对主要机电设备进行智能管控，实现绿色智慧运营	183500.00
小计		581000.00

续表

2. 每年持续投资部分		
项目	描述	投资（元）
运维费	每年的设备、系统运维费用，含设备检修、损坏更换、应急处理等	249000.00
小计		249000.00
3. 项目总投资		
总投资合计＝一次性投资＋每年持续投资×合同期限＝830000 元		
投资回报期：4 年		

6. 风险分析及对策

技术风险：本项目均属于较为成熟的技术，相应的设备运行可靠，满足现场使用的经济性、安全性需求。

财务风险：本项目甲方资金充足，经营状况、财务能力、资金支付能力均为优良。

其他风险：本项目工期紧，同时项目主要办公楼设备的增加及改造，且办公楼设备使用比较频繁，不能停止运营，项目部分施工需错开办公楼办公时间完成改造。

（三）案例总结

1. 项目特色和亮点

一是客户零投资。本项目采用办公区合同能源管理全托管模式，该县政府集中办公区能源费用无增加的风险；县政府集中办公区冷热源系统改造投资及 6 年内维保由某综合能源服务分公司投资，县机关事务管理服务中心零投入。

二是保障用能安全、能源使用优化。依托综合能源服务公司本地化服务团队的专业优势，通过专业、技术和服务优势保证某县政府集中办公区的用电安全；建设楼宇建筑综合能源管理系统，提升县政府集中办公区综合能源管理系统水平。通过完善能源管理系统平台，优化能源结构，对能源进行精细化管理，发现能源消耗的异常，通过策略分析，找出解决方法，对于实施的节能技改可效果跟踪、效果对比、效果验证，并通过不断优化策略，找出最优用能模式，避免出现无目标、无法验证的节能技改。

三是有效助力了国家“双碳”目标落地。通过项目的实施，该县政府集中办公区不仅推进了能源的清洁化、低碳化，而且实现了能源消费的高效化、减量化，打造了阜阳市行政领域“绿色”“节能”“安全”“高效”的标杆项目。

2. 市场开拓策略

在本项目楼宇用能优化改造业务的推进过程中，该综合能源分公司与县机关事务管理服务中心在示范项目落地、需求侧响应试点、电力交易等多个维度全面合作并探索实施可行性。

一是通过县政府集中办公区的示范合作，明确合作思路和商业模式框架，为后续省内政府机关办公大楼批量化合作改造建立基础；

二是合作申请省内电力需求侧响应试点，打造示范项目并获取响应补贴，力争加入省内首批市场化电力交易试点，降低电费成本。

3. 项目的成效

本合同托管期限 6 年，能源基准为 81 万元，项目效益为 22 万元左右。有效树立了国网综合能源公司的良好品牌形象，增强市场竞争优势，助力了国家“双碳”战略目标落地。本项目实施技术改造之后，预期可节约能耗 23%左右。

第五节　学校领域典型项目案例

案例一：上海某大学新校区微电网示范项目

（一）案例概况

1. 案例背景概况

校园作为国家基础教育的重要载体，是社会培养未来接班人的摇篮，体现了城市时代的风貌，有着深远的社会影响。根据中国教育部发布的 2020 年全国教育事业发展统计公报，全国共有各级各类学校 53.71 万所，包括幼儿园 29.17 万所、义务教育阶段学校 21.08 万所、高中阶段教育学校 2.45 万所、普通高校 2738 所等，各级各类学历教育在校生 2.89 亿人。随着城市化进程加速发展及住区人口增加，作为配套的公共服务设施的校园产生新的刚性需求。校园数量多、人口稠密、校园建筑设施量大面广，能源消耗大，管理水平低，严重制约着低碳校园工作深入持久地开展。

2. 案例业主简介

上海某大学新校区位于浦东，占地面积约 960 亩，规划建筑面积 58 万 m^2，主要包括公共教学楼群、二级学院楼群、图文信息综合楼、行政楼、创新创业工程中心、能源中心、综合体育馆、学生事务与活动中心、教工活动中心、食堂、学生公寓、单身教师、留学生公寓、后勤附属用房、地下车库及人防设施等，建筑面积 39.8 万 m^2。

3. 项目实施单位

某综合能源服务集团有限公司。

4. 商业模式及融资渠道

某综合能源服务集团有限公司投资、建设、运维＋保底收益下的合同能源管理模式。

（二）案例内容

1. 项目基础条件

按照“一次规划，分期建设”的原则，新校区将建设成以人为本、智能化、信息化、绿色化以及特色能源化的综合性学校。

2. 项目用能需求分析

水、热、电、气等多种能源。

3. 项目技术路线

分布式能源系统：建设分布式光伏、分散式风电、混合式储能系统和光电互补充电站。

热水系统：采用太阳能+空气源热泵的组合形式，建设绿色低碳热水系统。

智慧能源管控系统：采用一体化架构设计及标准化接口定义，实现了校园对新能源发电、园区用电、园区供水等综合能源资源的动态实时监控与管理。

4. 投资与效益估算分析

每年为校园提供绿色电力 275 万 kWh，供应低碳热水 8 万 t，减排二氧化碳 4500t。

5. 风险分析及对策

项目所需外部条件：本项目需进行招投标。

技术风险：本项目所应用技术较为成熟，相应的设备运行可靠，满足学校使用的经济性、安全性要求。

财务风险：业主方资金充足，经营状况、财务能力、资金支付能力均为优良。

（三）案例总结

1. 项目特色和亮点

项目充分考虑了上海某大学办学特色，将学生培养、辅助科研实验等学科建设与能源系统建设相结合，在担负校区能源供应的同时成了师生科研实验的研究对象、先进节能技术的展示及教育平台，为校园培养产业人才提供有力支撑，为高校能源管理、节能改造及运营管理模式提供了一个可借鉴的新标杆。

2. 市场开拓策略

以供电公司营销部为支撑，统筹协调前端与后端支持工作，构建综合能源服务渠道中枢，发挥联动营销穿针引线协同作用，实现综合能源服务虚拟平台化运作。

3. 项目的成效

项目采用规划、设计、投资、建设、运营全过程的综合能源服务模式，运营期 20 年。每年为校园提供绿色电力 275 万 kWh，供应低碳热水 8 万 t，减排二氧化碳 4500t。

4. 项目的推广应用

该项目是全国唯一的风光储一体化智能微电网校园，已被国家发展改革委、国家能源局列为“新能源微电网示范项目”，来参观考察的高校、园区络绎不绝。

案例二：北京某大学新校区零碳校园示范项目

（一）案例概况

1. 案例背景概况

该校积极响应国务院关于建设节约型社会的号召，贯彻落实住房和城乡建设部、教育部关于高等学校节约型校园建设的文件精神，推动学校节能工作再上新台阶，引导广大师生员工牢固树立节约意识，积极推进节约型校园建设。保持高校的可持续发展，既有赖于资源总量的增加，也有赖于资源的节约利用，因此，节约型高校建设就需要开发新资源和替代能源，扩大资源供给，减少资源消耗量，提高资源使用效率。

2. 案例业主简介

北京某大学新校区坐落在北京西山，位于昌平区，占地约 1288 亩，总建筑面积约 45 万 m^2。该大学将面向国家重点需求，瞄准世界科技前沿，围绕学校“双一流”建设目标，服务国家战略，应对激烈国际竞争，响应北京市“四个中心”城市战略定位，服务地方经济与社会发展。

3. 项目实施单位

某综合能源服务集团有限公司。

4. 商业模式及融资渠道

零碳校园、智慧能源、智慧物管业务为投资建设运维＋每年固定收益模式，能源托管业务为能源全费用托管模式。

（二）案例内容

1. 项目基础条件

该大学新校区包含公寓、食堂、图书馆、教学楼等多类建筑，供近 2 万名师生使用。本项目涉及零碳校园、智慧物管、智慧能源、能源托管多种业务模式。

2. 项目用能需求分析

公寓、食堂、图书馆、教学楼等多类建筑能源供给。

3. 项目技术路线

零碳校园：本源控制（绿色校园规划＋二星级绿色建筑改造＋近零能耗建筑改造＋可再生能源利用）＋正向抵消（景观规划设计＋海绵校园设计＋循环利用水系统设计）＋管理补偿（绿色管理＋绿色行动＋绿色教育＋绿色展示）。

智慧能源：该系统主要由分布式光伏、储能系统、各类负荷等电气单元组网构建而成，将风、光、储等多种分布式能源以信息网及电力网络的方式进行高效互联，建设以电为中心、开放共享、灵活智能、绿色协调的综合能源供应系统。

智慧物管：教师公寓和学生公寓的设施及管理达到星级宾馆的水准，数字化的教学大楼达到 5A 级写字楼的管理水准。

能源托管：运用能源监测、能效指标、能耗计量、能量平衡和节能技改等措施，对能源系统进行综合智慧管理。

4. 投资与效益估算分析

可实现校园内二氧化碳排放量 1.37 万 t/年，相比现状校园碳排放量 4.16 万 t/年，碳中和贡献总计 2.79 万 t/年，减排率 67.07%。

5. 风险分析及对策

项目所需外部条件：本项目需进行招投标。

技术风险：本项目所应用技术较为成熟，相应的设备运行可靠，满足学校使用的经济性、安全性要求。

财务风险：学校方资金充足，经营状况、财务能力、资金支付能力均为优良。

（三）案例总结

1. 项目特色和亮点

零碳校园、智慧物管、智慧能源、能源托管等多种业务模式。

2. 市场开拓策略

以供电公司营销部为支撑，统筹协调前端与后端支持工作，构建综合能源服务渠道中枢，发挥联动营销穿针引线协同作用，实现综合能源服务虚拟平台化运作。

3. 项目的成效

实现校园内二氧化碳排放量 1.37 万吨/年，减排率 67.07%。

4. 项目的推广应用

该校为零碳校园的示范者与引领者，有望掀起零碳校园建设的热潮。

案例三：合肥某大学图书馆能效提升项目

（一）案例概况

1. 案例背景概况

合肥某大学积极响应国务院关于建设节约型社会的号召，贯彻落实住房和城乡建设部、教育部关于高等学校节约型校园建设的文件精神，推动学校节能工作再上新台阶，引导广大师生员工牢固树立节约意识，积极推进节约型校园建设，促进学校全面、协调、可持续发展。图书馆作为高校内的重要建筑，其单体建筑面积较大，利用率较高，能耗强度较高。图书馆主要用能项为照明、空调、电梯能耗等，其中空调系统的能耗一般占到图书馆总能耗的35%～60%，照明能耗占40%～50%。

2. 案例业主简介

合肥某大学图书馆位于合肥市包河区，经过半个世纪的发展，已形成具有自己馆藏特色的大中型高校图书馆，现有各类藏书226.58余万册，阅览席位2600余席，馆舍面积达2.24万m^2，开设各类阅览室15个，实行全开架借阅。

3. 项目实施单位

某综合能源服务公司。

4. 商业模式及融资渠道

项目采取混合型合同能源管理模式，即节能效益分享+能源费用托管型合同能源管理模式，合同期为10年。合同期内，学校分享年固定节能效益，综合能源服务公司负责项目的节能改造投资和建设。合同期满后，项目整体无偿移交给学校，后续全部节能收益均由学校享受。

（二）案例内容

1. 项目基础条件

该大学图书馆分东西两栋建筑，东楼4层，建筑面积6706.18m^2；西楼6层，建筑面积8915.69m^2；其中西楼一楼二楼有社科借阅书库和自习区，二楼大厅为总服务台和读者服务中心；三楼是文学类借阅书库和自习室；四楼是主题借阅空间、自习区和数据机房；五楼是自科借阅书库、自习区，另五楼有流通阅览部办公室。东楼主要为人员办公室，包含图书馆办公室、教育部科技查新站、信息咨询与学科服务部以及外文书库、“科图法”中文书库、过刊阅览室和特藏书库等。

图书馆开放时间为每周一至周日8:00—22:00，办公区域及外文书库为周一至周五8:00—22:00开放。寒暑假期间除个别科室区域不开放外，各借阅书库区域、自习区域等均正常开放。

2. 项目用能需求分析

图书馆日常运营消耗的能源主要为电力，根据能源审计核定的耗电量能耗标定，图书馆年耗电量为76万千瓦时。图书馆的建筑类型为教学及行政办公用房，消耗能耗仅为电力消耗，其中电力消耗主要用于照明、空调系统、数据机房及电梯等综合服务系统。

从近三年能耗账单可以看出，2018—2019年期间用电量基本保持在76万kWh附近，没有较大幅度增长，2020年用能增长较大，年用电量约80万kWh左右。考虑图书馆增加12台开水器，及用能设备效率降低等影响，后期能耗可能会存在逐年增高的情况，进行节能改造需求刻不容缓。

3. 项目技术路线（见表 7－48）

表 7－48　　项目技术情况

序号	分类	现状描述	技术路线
1	能源计量系统	现无能源监控平台系统	构建物联网平台，建立综合能耗计量分析系统并对主要机电设备（空调、照明等）进行智能管控，实现绿色智慧运营
2	照明系统	图书馆内照明灯具为普通荧光灯具	将照明灯具更换新型 LED 照明灯具并进行智能化控制
3	太阳能光伏发电	图书馆屋顶约 300 平方米空间未利用	在图书馆屋顶铺设 30 千瓦光伏电站
4	空调系统	人工操作控制	通过改造后监测空调运行状态，并进行自动化控制和策略控制
5	开水器	无人监管，24 小时常开	增加时控装置，夜间关闭，白天开启
6	光储充车棚	无充电车棚	对图书馆停车场进行光储充一体化车棚建设
7	配电房智能化	无智能化软硬件基础	增加传感器接入平台监控，保障配电房安全和稳定
8	智慧路灯	路灯传统荧光灯，无附属功能	在图书馆两侧增加 2 杆智慧路灯
9	玻璃贴膜	玻璃直射，夏季室内升温快	对玻璃进行贴膜，降低室内温度
10	电梯势能回收	电梯无并联	对电梯势能进行回收

4. 投资与效益估算分析

图书馆节能改造实施前每年能源费用约 43.82 万元，均为电费，运维检修费用 5 万元暂不计列，后期运营仍由学校负责。

本项目预计光伏年发电量 3.3 万 kWh，其余节能改造可实现年节能量 8.75 万 kWh，年总体节能收益约 6.89 万元，投资回收期约 7 年，经济效益和财务生存能力良好。

5. 风险分析及对策

项目所需外部条件：本项目需进行招投标。

技术风险：本项目所应用技术较为成熟，相应的设备运行可靠，满足学校使用的经济性、安全性要求。

财务风险：该学校资金充足，经营状况、财务能力、资金支付能力均为优良。

（三）案例总结

1. 项目特色和亮点

项目采取混合型合同能源管理模式，即节能效益分享＋能源费用托管型合同能源管理模式，合同期为 10 年。综合能源服务公司与大学合作，提供“绿色、低碳、智慧”校园建设一揽子解决方案，着重能效服务与产学研相结合，先期实施智慧图书馆能源托管示范工程，针对图书馆照明、空调、电梯能耗特点，实施“1 个全局智能化＋14 个单独系统个性化改造”的方案，建设能源管理系统，开展屋顶光伏建设、空调、照明、开水器节能等 14 类设备改造。

2. 市场开拓策略

一是积极参加安徽省高校节能会议，了解高校节能需求，在会上作《绿色校园综合能源服务》报告，提升综合能源服务公司品牌影响力。二是积极对接学校，现场勘查加后台分析了解其用能需求及目前存在的问题，有针对性地提出解决措施，主动沟通，争取双赢。三是统筹协调前端与后端支持工作，构建综合能源服务渠道中枢，发挥联动营销穿针引线协同作用，实现综合能源服务虚拟平台化运作。

3. 项目的成效

学校：按月向供电公司缴纳校园电费（图书馆电费除外，图书馆电量由供电公司通过校园总电量表计进行远程扣减）；向综合能源服务公司支付图书馆能源托管费用，不承担节能风险；负责项目的运营和维护。

综合能源服务公司：协调办理图书馆电量表计在供电公司单独计量，并向供电公司支付图书馆实际电费，内部收益率约 6.12%；承担合同期内节能灯等投资设备的更换费用。

4. 项目的推广应用

本项目建成后能源使用效率提高 15%以上，带动 4 家学校实施能源托管。

参考书籍/文献

[1] 谢仲华，丁先云，谢今明. 合同能源管理实务及风险防范［M］. 上海：上海大学出版社，2011.

[2] 曹莉萍. 合同能源管理的绩效理论与实证研究［M］. 上海：同济大学出版社，2015.

[3] 山东省世行亚行节能减排项目管理办公室. 合同能源管理 60 问：实务问题与解决方案［M］. 北京：化学工业出版社，2015.

[4] 王元忠，李雪宇. 合同能源管理及相关节能服务法律实务［M］. 北京：中国法制出版社，2012.

[5] 中国节能协会节能服务产业委员会. 合同能源管理［M］. 北京：人民法院出版社，2012.

[6] 梁俊强，叶倩，于兵. 建筑合同能源管理案例精选［M］. 北京：中国建筑工业出版社，2019.

[7] 梁俊强. 建筑合同能源管理技术导论［M］. 北京：中国建筑工业出版社，2019.

[8] 尚天成. 合同能源管理理论研究——融资模式、信用风险、节能收益分配及评价［M］. 北京：高等教育出版社，2021.

[9] 段小萍. 我国合同能源管理项目融资风险管理研究［专著］［M］. 北京：经济科学出版社，2015.

[10] 孙红. 合同能源管理实务［M］. 北京：中国经济出版社，2012.

[11] 中国节能协会节能服务产业委员会. 合同能源管理项目案例集（2011—2015）［M］. 北京：中国经济出版社，2017.

[12] 上海市合同能源管理指导委员会办公室. 合同能源管理运营手册［M］. 上海：上海交通大学出版社，2011.

[13] 魏东. 中国合同能源管理发展现状与对策［M］. 北京：社会科学文献出版社，2015.

[14] 许崇正. 银行信贷［M］. 北京：高等教育出版社，2009.

[15] 赵焕军. 供给侧改革背景下我国商业银行信贷风险的防控［J］. 经营管理者，2017（02）：82.

[16] 陈潇潇. 商业信用融资文献综述［J］. 福建质量管理，2019.

[17] 财务部会计资格评价中心. 财务管理［M］. 北京：经济科学出版社，2019.

[18] 曹峰. 中国商业银行信贷风险管理及其控制策略［J］. 经济管理研究，2020，1（3）.

[19] 金明. 非金融机构贷款人融资机制研究［J］. 当代法学，2013，27（3）：6.

[20] 傅穹，潘为. 非金融机构贷款人自身融资问题研究［J］. 经济体制改革，2012（3）：5.

[21] 李光荣，王力. 中国融资租赁业发展报告（2014～2015）［M］. 北京：社会科学文献出版社，2015.

[22] 张晓清. 融资租赁风险管理研究综述［J］. 财会学习，2017（24）：1.

[23] 赵焕军. 供给侧改革背景下我国商业银行信贷风险的防控［J］. 经营管理者，2017（02）：82.

[24] 财务部会计资格评价中心. 财务管理［M］. 北京：经济科学出版社，2019.

[25] 梁琪. 商业银行信贷风险度量研究［M］. 北京：中国金融出版社，2005.

[26] 南旭光. 银行信贷中的不规范行为及其治理方式研究［M］. 北京：人民邮电出版社，2010.

［27］胡晓媛. 融资租赁出租人风险承担及其控制［J］. 法学，2011（1）：7.

［28］赵娜，王博，张珂瑜. 融资租赁，银行信贷与企业投资［J］. 金融研究，2021（1）：19.

［29］梁德思. 我国融资租赁公司的融资问题研究［J］. 现代经济信息，2017（15）：2.

［30］殷彩霞. 企业融资租赁的风险管理研究［J］. 经贸实践，2017（23）：1.

［31］高雅洁. 我国融资租赁业发展现状、问题及对策研究［J］. 中国统计，2015，000（005）：47－49.

［32］汤谷良. 投资银行学［M］. 北京：经济科学出版社，2020.

公共机构
合同能源管理

中国电力出版社官方微信

中国电力百科网网址

ISBN 978-7-5198-7605-0

定价：68.00 元

上架建议：能源管理